上海大学出版社

2005年上海大学博士学位论文 6

弹性金属塑料瓦径向滑动轴承的理论分析及实验研究

● 作 者：金 健

● 专 业：机 械 电 子 工 程

● 导 师：张 国 贤 王 小 静

2005年上海大学博士学位论文 **6**

弹性金属塑料瓦径向滑动轴承的理论分析及实验研究

作　　者：金　健
专　　业：机械电子工程
导　　师：张国贤　王小静

上海大学出版社
·上海·

Shanghai University Doctoral
Dissertation (2005)

Theoretical and Experimental Research of Elasto-Metal-Plastic Journal Bearing

Candidate: Jin Jian
Major: Mechanical and Electronic Engineering
Supervisor: Prof. Zhang Guoxian
Prof. Wang Xiaojing

Shanghai University Press
· Shanghai ·

上 海 大 学

本论文经答辩委员会全体委员审查,确认符合上海大学博士学位论文质量要求.

答辩委员会名单:

主任:	周勤之	院士,上海机床厂有限公司	200093
委员:	张直明	教授,上海大学机电学院	200072
	陈兆能	教授,上海交通大学机械动力学院	200030
	张　浩	教授,上海同济大学信息工程学院	200092
	刘　谨	教授,上海大学机电学院	200072
导师:	张国贤	教授,上海大学	200072
	王小静	研究员,上海大学	200072

评阅人名单：

张直明	教授，上海大学机电学院	200072
陈　鹰	教授，浙江大学机械能源学院	310027
安　琦	教授，华东理工大学机械学院	200237

评议人名单：

张　浩	教授，上海同济大学信息工程学院	200092
钟廷修	教授，上海交通大学机械动力学院	200030
谭建荣	教授，浙江大学机械能源学院	310027
胡寿根	教授，上海理工大学机械工程学院	200093

答辩委员会对论文的评语

论文对采用新型功能材料——弹性金属塑料制作轴瓦的径向滑动轴承的承载机理和静、动态特性进行了理论及实验研究.本论文的主要创新点如下:

(1) 在氟塑料表面与润滑油之间的滑移率问题上,论文计入了剪切率和压力的联合影响,用专门设计的实验装置成功地测定了这种影响规律,建立了新的滑移率模型.

(2) 对于弹性金属塑料瓦(EMP)轴承,组构了当前理论框架内尽可能完善的热弹流方程组,并对这一相当复杂和有解算难度的方程组实现了有效且精度好的解算方法,在某些算例上获得了优于国外同类计算的结果.

(3) 通过对EMP径向滑动轴承的三维稳态、瞬态润滑特性分析,证明了该轴瓦特有的边界滑移现象,使油膜工作温度低于普通金属瓦径向滑动轴承.停机时刻热弹综合变形使轴瓦表面形成下凹容积腔,保持了一定的油膜压力避免了干摩擦过程,从机理上揭示了该轴承所特有的两大优点.

论文在理论和实验两方面都作了难度大水平高的研究,并有所创新,论文成果具有重要学科意义和实用价值,是一篇高质量的博士学位论文.反映出作者已全面地深入地掌握了本学科领域的基础理论及专门知识,具备了在该领域独立开展科研工作的能力.论文立论正确、条理清晰,仿真和实验结果可信.在答辩过程中,概念清晰,回答问题正确.

答辩委员会表决结果

经答辩委员会无记名投票，一致同意通过金健同学的博士学位论文答辩，建议授予工学博士学位.并建议推荐为优秀论文.

答辩委员会主席：周勤之

2005年3月13日

摘　　要

本论文在国家自然科学基金资助下，率先对弹性金属塑料瓦径向滑动轴承的润滑机理进行了理论分析及实验研究. 采用有限差分法和有限元法联立求解轴承的三维数学模型，考察了其在稳态工作状态及瞬态启停过程中的工作性能，研制开发了计算该新型轴承润滑性能的分析软件，并搭建了两套相关试验台对理论分析结果进行了验证.

设计制作了固液界面滑移特性试验台架，进行了不同场压力、不同转速和油膜间隙条件下的滑移特性试验. 发现油液在聚四氟乙烯表面的滑移现象是在油膜剪切应力达到一定临界值后出现的，随着剪切应力的增大而增大，随着场压力的增大而减小，并根据实验数据给出了常压和场压力下的滑移速度数学模型.

展开了流体润滑力学数值算法的初步探讨，联立求解广义雷诺方程、三维能量方程、固体热传导方程、瓦体变形方程及润滑油温粘关系等方程，建立了普通金属瓦和弹性金属塑料瓦两种径向滑动轴承三维稳态热弹流计算数学模型，并给出数值求解过程.

根据实验得出的边界滑移速度模型，对经典的雷诺方程进行修正，分析了边界滑移现象对弹性金属塑料瓦径向滑动轴承油膜速度、最小油膜间隙、偏心率、压力场和温度场的影响作用. 发现计入边界滑移作用后润滑油流量增大，轴承偏心率略有增大，而油膜温度要比未计入边界滑移作用时的油膜温度有所降低,并且随着轴承外载荷及轴颈转速的增加,温度降低幅度更为明显,对改善轴承的工作性能具有积极的作用.

搭建弹性金属塑料瓦径向滑动轴承的压力场和温度场综合测试试验台架,进行了不同转速、不同外载荷等多种工况的试验测量.通过试验为理论分析提供了对比依据,证明了弹性金属塑料瓦径向滑动轴承三维热弹流分析模型和软件的可靠性.

建立了普通金属瓦径向滑动轴承瞬态特性的计算数学模型,采用多重网格法求解油膜压力场.给出启动和停机过程转子的轴心轨迹及启动过程油膜瞬态温度场的求解算例,与实验结果吻合较好.

开发了适用于弹性金属塑料瓦径向滑动轴承的瞬态热弹流分析软件,对该新型复合材料轴承在启动和停机过程的瞬态润滑特性进行了分析,对比了温度场收敛过程、轴瓦变形量及轴心轨迹与普通金属瓦的区别.发现计入边界滑移作用后,油膜温度要低于普通金属瓦的油膜温度.并且在停机过程结束时,由于弹性金属塑料轴瓦的热弹综合变形作用,在轴瓦表面形成了一个下凹的容腔,部分油液被转子封闭在该容腔内,使得停机后仍能保持一定的油膜压力作用于转子,即转子停机过程仍处于液体润滑状态,避免了转子与轴瓦的完全接触,减小了轴瓦的摩擦损伤,从而揭示了弹性金属塑料瓦径向滑动轴承不同于普通金属瓦轴承的优异特性.

关键词 弹性金属塑料瓦,径向滑动轴承,边界滑移,三维热弹流分析,启动停机特性

Abstract

This dissertation presents a comprehensive theoretical and experimental research of Elasto-Metal-Plastic (EMP) journal bearing and the project is supported by the National Natural Science Foundation. The Finite Difference Method and Finite Element Method are employed to solve the equations implied by the 3D thermo-elasto-hydrodynamic theoretical model. In order to predict the steady and transient lubrication performance of EMP journal bearing, simulation software is developed. Two sets of test equipments are established to validate the theoretical results.

The possibility of boundary slip between oil and surface of polymer of low surface energy is proven by comparative experiments carried out under different field pressure, rotating speed and film thickness. Boundary slip occurs when shear stress up to a critical value. Slip effect increases with the increase of shear stress and the decrease of field pressure. Based on the available experimental data, the model of slip velocity of EMP journal bearing under different field pressure is established.

The generalized Reynolds equation, energy equation, heat conduction equation, thermo-elastic deformation of the bushing and relationship between lubricant viscosity and temperature are solved simultaneously. 3D TEHD theoretical models of both metal bushing journal bearing and EMP journal bearing are given, together with the appropriate numerical methods.

The classical Reynolds equation is modified correspondingly to include boundary slip. The effects of boundary slip on the lubrication performance of EMP journal bearing are analyzed. The characteristics of the lubricant velocity, the minimum film thickness, eccentricity ratio, film pressure and film temperature are discussed. When slip effect is taken into account, flows rate increases and film temperature decreases. Furthermore, the increasing rate of film temperature drops more with the increase of the load and rotating speed. Consequently, the working performance of journal bearing is improved.

The computer aided test system is established to obtain the film pressure and temperature of EMP journal bearing with a wide range of working conditions. The theoretical predictions are validated by comparison with experimental data.

Transient response of metal bushing journal bearing is analyzed. Film pressure is obtained by means of using Multigrid Method. Some examples, such as journal orbit and transient temperature field during starting and stopping periods, are presented. A good agreement between the calculated and the measured values is observed.

Transient TEHD analysis software of EMP journal bearing is developed. By comparing transient temperature field, deformation of the bushing and journal orbit, the differences behavior during starting and stopping under a steady load between metal bushing journal bearing and EMP journal bearing are discussed. It is found that film temperature of EMP journal bearing is lower than that of the metal one. At the end of stopping period, a cavity is formed on the surface of bushing because of the thermo-elastic deformation. Some lubricant is sealed in it. The shaft is still supported by film pressure. Fully contact of the shaft and bearing surfaces is avoided. Therefore, wear is reduced and the working life of bearing is extended. All the results reveal the significant lubrication performance of EMP journal bearing.

Key words Elasto-Metal-Plastic bushing, journal bearing, boundary slip, 3D thermo-elasto-hydrodynamic (TEHD) research, characteristics during starting and stopping

目　　录

第一章　绪　　论

1.1　引言

径向滑动轴承是机械工业中使用广泛、要求严格的关键基础部件之一，其性能的好坏将直接影响到整个机组的工作精度、寿命、可靠性和其他诸多技术经济指标. 以水轮发电机组为例，我国适合中小型水力发电机组的水利资源量大面广，对贯流式机组的要求量较大. 然而国产机组的单机容量较小，同时在开停机过程中，经常发生烧瓦事故，因此有必要研究如何提高单机容量的问题. 研制采用新材料——弹性金属塑料制作轴瓦的高性能径向滑动轴承，是一项既有学术意义、又有应用价值的研究课题.

1974 年，前苏联首次将弹性金属塑料瓦推力轴承成功应用于古比雪夫电站 9 号机组上. 同年底，伏尔加 9 号机组也采用了弹性金属塑料瓦. 1981 年在布拉茨克电站的单机 250 MW 的一台机上进行了全性能试验，并获得成功. 1983 年 5 月，布拉茨克全部机组换用了这种轴瓦. 至 1985 年末，前苏联已经在 38 座水电站的 325 台机组上安装了弹性金属塑料瓦，以代替巴氏合金瓦，获得巨大成功，并取得了极大的技术经济效益[1].

我国先后引进了数十套弹性金属塑料瓦，使用效果也非常不错[2]. 从 20 世纪 90 年代起，我国开始自行研制这种新型轴承. 上海大学的张国贤教授通过对弹性金属塑料瓦推力轴承的热弹流有限元分析，揭示了该轴承与巴氏合金轴承的重要区别：弹性金属塑料的刚度远小于巴氏合金，在油压作用下弹性金属塑料层的变形破坏了承载油楔. 由于负斜楔区域的出现，降低了轴承的承载能力，从而出现瓦片与镜板间的干摩擦现象，导致剧烈温升，轴承无法正常工作. 据此，张国贤教授提出了轴承初始型面设计的概念，并由数字仿真得到验证，最终使其在广西大化水电厂 100 MW 的两台水轮机上获得成功应用，并于 1995 年推广应用于长江葛洲坝水电站，开创了国内大型水轮机发电机组采用我国自行研制塑料推力瓦的先河. 在国家级鉴定会上，专家一致认为该成果达到国际先进水平.

目前世界上只有前苏联和我国等少数国家能制造弹性金属塑料瓦推力轴承，因此国内外文献较少. 国内自 90 年代初以来研究渐多. 特别是国家自然科学基金会设立“长江三峡重大课题”，并将“弹性金属塑料瓦推力轴承研究”作为重要子课题后，弹性金属塑料瓦推力轴承逐渐成为研究热点. 国内主要研究单位有上海大学、西安交大、哈电学院、上海材料所、东方电机厂等. 通过对推力轴承的应用研究，发现弹性金属塑料瓦有较高的工作能力，机组可以随时起动与停机，不会出现烧瓦事故，可大大提高机组的灵活性. 瓦表面能形成微凹变形自动起到类似金属瓦表面人工挑花的作用，有利于形成微储油坑，对于低速重载轴承安全启停尤为重要. 由于弹性较好，能吸收外因素(例如水力不平衡、振动、摆动等)脉动负荷对轴承的危害. 该材料的抗腐蚀性能优良，且安装或检修时不必刮瓦，节省了时间，也降低了修理费用.

湖南资兴市波水电站，原三台卧式水轮发电机组采用传统的巴氏合金瓦推力轴承，于 1993 年 12 月相继投入运行. 由于制造厂家在机组设计、制造工艺上的缺陷，导致机组运行轴瓦温度过高，特别是 2 号和 3 号机组尤为突出，为此不得不长期低负荷运行. 同时在正常运行时，常发生机组烧瓦事故(瓦温表指示 59℃时). 在投运几年来(1993～1999 年)，由于烧瓦事故造成的检修次数为 1～2 次/月，从而造成电站检修成本过高，检修工期过长，严重影响电站的安全、经济、稳定运行. 为了解决这一问题，电站于 1999 年 11 月对机组采用了弹性金属塑料轴瓦推力轴承. 经运行发现使用弹性金属塑料轴瓦后，在相同工况下运行时，瓦温比原来降低约 10℃，这样使得轴瓦事故率大为下降.该塑料瓦与镜板的摩擦系数仅为巴氏合金的35%～50%,这不仅使盘车省事、省力,而且降低了推力轴承的磨损速度.且该塑料瓦不需研刮,从而减轻了劳动强度,缩短了检修工期[3].

然而,1996年莲花水电站首台机组进入72小时连续试运行过程中,发生国产弹性金属塑料推力轴瓦(共18块)严重烧损的重大事故.轴瓦瓦面塑料覆盖层磨掉,漏出的金属铜丝同时磨损了镜板摩擦面.经现场处置研究,更换新加工的塑料轴瓦,对镜板作现场研磨处理,机组恢复正常运行.其技术关键在于设计者对弹性金属塑料推力轴瓦瓦面在动压油膜压力下的弹性变形与其支撑机械变形和热变形的综合叠加关系掌握不到位,油膜压力下的弹性变形大于机械和热变形,导致瓦面负拱度产生,油膜破坏,轴瓦烧损[4].可见对于弹性金属塑料瓦的应用远没有金属瓦成熟,对其承载机理研究尚待深化.

国外像北欧Fortum公司也为大量电站安装了弹性金属塑料瓦轴承,见表1.1.经过运行使用,同样认为使用弹性金属塑料瓦的轴承,其工作性能远好于普通巴氏合金瓦轴承[5].

表1.1 北欧Fortum公司弹性金属塑料瓦轴承安装统计

单 位	安装类型	总输出功率/单位输出功率	涡轮类型	时间
Fortum Generation AB,瑞典	提供推力轴承轴瓦及新型导轴承	40 MW	Francis(立式)	2003
Fortum Power & Heat Oy,芬兰	提供推力轴承轴瓦	15 MW	Kaplan(立式)	2003
PVO-Vesivoima Oy,芬兰	提供推力轴承轴瓦	55 MW/18.2 MW	Kaplan(立式)	2001
Fortum Oyj,芬兰	提供推力轴承轴瓦	50 MW/20 MW	Kaplan(立式)	2001
UPM-Kymmene Oyj, Energia,芬兰	提供推力轴承轴瓦	15 MW	Kaplan(立式)	2001

续　表

单　　位	安装类型	总输出功率/单位输出功率	涡轮类型	时间
PVO-Vesivoima Oy,芬兰	提供推力轴承轴瓦	55 MW/18.2 MW	Kaplan(立式)	2000
Fortum Oyj,芬兰	提供推力轴承轴瓦	50 MW/20 MW	Kaplan(立式)	2000
Ontario Power Generation Inc,加拿大	提供推力轴承轴瓦	160 MW/20 MW	Kaplan(立式)	1999
Fortum Oyj,芬兰	提供导轴承轴瓦	120 MW/40 MW	Kaplan(立式)	1999
Keski-Suomen Valo Oy,芬兰	提供推力轴承轴瓦	6 MW	Kaplan(立式)	1999
Kemijoki Oy,芬兰	提供三套推力轴承轴瓦	120 MW/42 MW	Kaplan(立式)	1998—1999
Imatran Voima Oy,芬兰	提供并安装推力轴承轴瓦	120 MW/40 MW	Kaplan(立式)	1998
Ahlström Energia Oy,芬兰	提供并安装推力轴承轴瓦	42 MW/14 MW	Kaplan(立式)	1998
Imatran Voima Oy,芬兰	提供推力轴承轴瓦	6.5 MW	Kaplan(立式)	1997
Pamilo Oy,芬兰	提供并安装推力轴承及导轴承轴瓦	90 MW/30 MW	Francis(立式)	1997
Alakoski Oy,芬兰	提供并安装推力轴承轴瓦	4 MW/2 MW	Kaplan(立式)	1995
Gullspångs Kraft AB,瑞典	提供推力轴承轴瓦并指导安装	35 MW/11 MW	Kaplan(立式)	1995
Imatran Voima Oy,芬兰	提供并安装推力轴承轴瓦	168 MW/22 MW	Francis(立式)	1995

鉴于以上优点,弹性金属塑料瓦将具有广泛的应用前景,因此本文设想将这种性能优良的轴瓦材料应用到径向滑动轴承,用热弹流理论分析弹性金属塑料瓦径向滑动轴承的承载机理和润滑性能,为

其今后的应用推广提供一定的理论基础.

1.2　滑动轴承润滑理论研究的发展概况

流体动压润滑理论的研究始于一百多年前. 当时 Tower 在改进机车车轮的轴承润滑时，轴承受力面的塞子总是被挤出来，因此发现轴承润滑中存在着流体动压. 1886 年，Osborne Reynolds 用流体力学完善地解释了 Tower 的实验，并推导出一个润滑油膜里的压强分布所应该服从的方程式——雷诺方程，成功地揭示了流体薄膜产生动压的机理，为流体润滑研究奠定了理论基础[6].

雷诺方程的建立初期，由于缺乏必要的数值计算工具，注意力集中于简化雷诺方程以取得典型性能分析. 例如，先后获得了稳态运转状态下无限长轴承和短轴承的解析解，了解了气体动压润滑同液体动压润滑在性能上的区别，发展了应用液体动压原理的轴承，如可倾瓦轴向止推轴承等. 随着数值计算技术的进步，流体力学润滑理论的发展也繁荣起来，获得了有限宽径向轴颈轴承包括油膜破裂边界条件的数值解，并进一步研究了高速旋转机械动压润滑的稳定性以及非定常状态下的润滑性能. 同时，通过实验研究，得到了径向滑动轴承油膜的润滑特性，为理论分析提供了依据[7]. 20 世纪 60 年代开始，温度、惯性、非牛顿流体等因素对润滑性能地影响开始得到关注. 1962 年，Dowson[8] 推导出了广义雷诺方程，考虑了油膜粘度和密度在其厚度方向上的变化，由该式可化简出当时广泛应用的各类轴承油膜的压力分布形式，并把数值计算方法引用到流体动力润滑的研究工作中.

1.2.1　滑动轴承的 THD 分析

随着润滑理论的不断发展，研究人员发现，要准确分析滑动轴承的润滑性能，要考虑热效应对流体润滑的影响，即要进行热流体动力(THD)润滑分析.

1970年,McCallion[9]等分析了轴颈轴承的温升情况.考虑了有限宽轴颈轴承,粘度根据油膜垂直方向的平均温度进行计算.对能量方程进行大量简化,求解能量方程时将压力当作一个常数,即在计算温度时将油膜的流动当作简单的剪切流来处理.忽略轴瓦的轴向导热,假定轴颈表面温度为一常数,并以油膜与轴颈间没有净导热为条件来进行确定.

1973年Ezzat和Rohde[10]进行了三维有限宽斜楔的THD分析,利用数值算法求解了广义雷诺方程、三维能量方程及轴瓦热传导方程.假定膜厚为有限长的楔形间隙,进油温度为油池温度,油膜中,内外径向侧泄端的热边界条件用绝热边界条件并忽略了周向的热传导项.作者将几种工况下的计算结果同等温解进行了对比.

Huebner[11]用有限元方法进行了轴承的THD分析,有限元方法就克服了有限差分法对于求解非规则边界条件问题所带来的困难,并可将边界条件做为输入数据进行处理.文中给出具体轴承计算实例,将油膜压力、速度和温度的分布与传统的绝热理论进行了对比,指出两者差别较大.

Khonsari[12]对定常载荷下有限长滑动轴承的THD解和绝热解进行了比较.文中均假设轴为等温件,求解过程中,将绝热解作为THD解的初值.分析发现绝热解会高估油膜温度,而低估了压力值,在同一工况下,绝热解的承载能力小于THD解.在低速情况下,轴和轴瓦的温度相近,油膜内的大部分热量靠润滑油的流动带走,因此两种条件下的求解结果比较相近.随着转速的升高,轴瓦的热传导作用开始加强,两种解的差值开始增大.由于绝热解的收敛速度要快,所以可以通过合理选择求解方法来提高计算精度减少运算时间.

在Rajalingham[13]的分析中,对轴瓦和油膜接触面的温度,采用该处的温度梯度的加权值确定,其结果与试验值还有一定的差距.

Mitsui[14]在考虑了气穴和回流混油效应的情况下进行了径向滑动轴承的THD分析.假设轴颈各处温度相等,混油比、热传导系数由实验确定,采用有限差分法求解,数值仿真表明轴承表面及油膜最高温度会随转速的升高、润滑油粘度的增大、油膜间隙的减小而增大. 并且随转速的升高,轴瓦温度最高点沿周向由下游边向上游边移动. 仿真结果与多种工况下的实验数据进行了比较,两者大体吻合. 文中能量方程中忽略了沿油膜厚度方向的热传导项,假定轴向油膜厚度相等.

上述大多数的 THD 分析包括油膜的广义雷诺方程和能量方程的解. 在这些研究中,能量方程大多数仅采用二维形式. Gethin[15]考虑了沿油膜方向粘度的变化情况,采用有限元法对两种模型计算了径向滑动轴承的润滑性能. 模型一考虑了完整的三维温度分布,模型二仅对与油膜接触面处考虑了轴向的温度变化,其他地方都对轴向温度变化进行了忽略. 通过比较,发现两种模型的计算结果非常接近,但模型二的 CPU 计算时间仅为模型一的 10%,因此是一种非常经济的算法. 但文中模型在高速工况时,计算结果与试验存在一定偏差,这主要是由于未考虑入口混油造成的.

Khonsari[16]分析了热效应对滑块和径向滑动轴承的影响. 考察了含有固体粒子添加剂的润滑油对径向滑动轴承特性的影响. 给出了该种润滑条件下的计算方程及边界条件,并将求解结果与实验结果和洁净油润滑结果进行了比较. 指出含有固体粒子后,会影响润滑油的最高温度、压力、承载能力,具体情况与粒子尺寸有关. 能量方程和热传导方程也是采用二维形式.

Colynuck[17]采用控制容积和泰勒级数两种方法进行了轴承润滑性能的分析. 两种方法在 CPU 计算时间上相近,但前者在粗网格下精度稍高,且易于处理回流问题.

Ferron 等[18]计入沿油膜方向粘度的变化,考虑了气穴和回流作用,求解了三维能量方程和轴瓦的热传导方程. Boncompain[19]使用相似的数学模型,考虑了轴和轴瓦的变形对油膜厚度的影响作用. 发现在周向约 190°之前,轴的温度是高于轴瓦温度的,而 190°之后,轴瓦温度高于轴的温度,从而认为即使 90%的热量通过润滑油带走,绝热解也只能作为解的初值. 考虑轴和轴瓦热变形的仿真结果与试验测试结果更为相近.但文中认为轴与轴瓦在轴向的温度变化很小,因此也将轴视为等温件,利用有限元法求解了二维轴瓦的热变形.

Taniguchi[20]对大型可倾瓦轴承进行了THD分析.对于文献中所考察的轴承,发现当其转速达到3 000 r/min时油膜将处于紊流状态.由于未曾考虑轴瓦的变形情况,所以理论值跟试验值还存在一定的差别.

Paranjpe和Han[21]也考虑了三维的温度变化及循环混油因素.Banwait和Chandrawat[22]给出了详细求解能量方程的边界条件.比较了入口油温为抛物线函数形式和三次多项式的结果,认为前者更接近试验测试结果.求解时将轴看为等温件,并修正了Ferron[18]所采用的轴和轴瓦的热力学参数,使仿真结果更加接近试验结果.但是上述大多数分析过程都未对轴和轴瓦的热弹变形情况做进一步的研究.

1.2.2 滑动轴承的EHD分析

润滑理论发展的另一个研究方向是弹流润滑理论(EHD),主要考察重载条件下弹性变形对流体润滑的影响.

Conway[23]在对弹性径向滑动轴承润滑特性的分析中,首先考察了等粘度下压力及膜厚的分布,然后将粘度看为压力的函数,又分析了变粘度的情况,发现最大压力受轴承弹性模量、偏心率、膜厚等因素的影响很大.由于使用了弹性轴承使得摩擦力大为减小.但是文中对于弹性变形的求解是采用一维Winkler假设,即假定认为轴承为无穷多个紧密排列的弹簧,弹簧一端固定在刚性的轴承座上,一端受油膜压力,每个弹簧在压力作用下的位移相互独立.在这种假设下的仿真结果与实际工程测试数据偏差甚大,特别是对于含有复合层材料的弹性金属塑料瓦径向滑动轴承,我们已用有限元法计算对比[24],发现利用该假定进行近似求解误差偏大.

Singh[25]对椭圆轴承进行了EHD分析,考虑了轴衬的弹性变形及润滑油粘度随压力、温度而变化的情况.文中求解了三维弹性变形方程以获得轴衬的变形.指出在同一偏心率下,随着弹性变形系数的增加,轴承的承载能力是下降的.而在大的变形系数下,粘度随压力、温度的变化对承载力的影响却比刚性轴承要小,因此在设计高速轴承时,应考虑使用弹性轴承.但该文仅采用了简化的一维能量方程形式得到油膜温度场分布.

张直明等[26-28]对弹性变形对可倾瓦轴承润滑特性的影响做了一系列的研究.分析中将瓦块看作一维悬臂曲梁,计入了不同截面具有不同曲率变化的影响,建立了更为合理的变形计算模型.指出考虑弹性变形后,油膜压力分布值下降,压力梯度降低,在压力峰值附近尤其明显.进油量变化不明显,摩擦系数变大,且计入弹性动变形后,各动特性系数均有所下降.其后,在对径向可倾瓦轴承单块瓦的静态和动态弹流分析基础上,将计入瓦弹性变形效应的可倾瓦特性用"组装"法获得整个轴承的静、动特性,分析了它对转子系统主要动力特性的影响.

1.2.3 滑动轴承的 TEHD 分析

随着旋转机械转速的提高,载荷的加大,轴承尺寸的增加,瓦的变形越来越重要,因此在润滑理论的研究中要综合考虑机械变形和热效应的影响,使理论计算结果更加符合实际情况,该理论被称为热弹性流体动力润滑理论(Thermo-Elasto-Hydrodynamic,简称TEHD).

Khonsari[29]考察了轴及轴瓦的热弹变形对径向滑动轴承润滑性能的影响.用有限差分法联立求解雷诺方程、粘温压方程及能量方程和 Laplace 方程.用有限元法求解了轴瓦的热弹变形量,轴瓦外表面受热后为自由膨胀状态,因此认为轴瓦的热弹变形量起到增大油膜厚度的作用.轴被视为等温件,其热变形量按线性膨胀关系求得.计算时考虑了入口混油的作用.论文比较了考虑各种变形情况后的仿真结果与试验结果,指出材料特性及边界条件的选取对轴承的 TEHD 分析有很大的影响.其后又分析了双层轴瓦对温度的影响[30],即在金属轴瓦内层又镶嵌了一层不同热传导系数的材料.通过合理选择该镶嵌层的材料，可以很好的控制油膜的温度. 其温度场模型也是采用的二维形式.

王宏宾等[31]以某电厂汽轮机组不对称三瓦大型可倾瓦轴承为例，计算了考虑温粘关系时轴承的静态性能，文中在求解弹性变形时将瓦块简化成一维悬臂梁，热变形只考虑了由于瓦上下表面温度差引起变形的积分效应，略去了温升引起的径向膨胀变形，而这种简化与实际结果是存在着一定的差异的.

1.2.4 滑动轴承的瞬态特性分析

上述研究都是针对定常状态展开的，对于不能简化为稳态问题的情况，在分析中必须考虑压力、膜厚、温度等随时间的变化，即要进行滑动轴承的瞬态特性的分析，这使得研究工作变得更加复杂困难.

在正常工作状态下，轴与轴瓦之间应该充满润滑油，两者是完全分开的. 但在速度和载荷出现突然变化，特别在启动和停机阶段，两者表面就有可能发生接触从而产生固体间的干摩擦. 这种摩擦是影响动压轴承寿命的主要因素之一，因此轴承启停过程中的润滑状况也是非常值得关注的. Mokhtar[32]对定常外载下的滑动轴承启停过程进行了试验研究. 试验过程中测试了三种尺寸轴承在不同载荷和转速下的轴心轨迹. 在启动过程中，动压通常可以迅速建立起来. 轴与轴瓦有可能发生短时间的接触，在轻载、小间隙情况下，接触发生的区域要大一些. 转速达到最终稳态值后，再经过相当长的时间轴心轨迹才能收敛至其稳态平衡位置. 停机过渡过程中，随着转速的下降，偏位角逐渐减小，轴心轨迹逐渐向下移动，直到轴停止转动，负载及轴的自重最终将轴瓦与轴之间的油膜完全挤出，使轴落在轴瓦上. 以上工作为理论分析提供了实验依据.

Malik[33]从理论上分析了短轴承加减速时的情况，采用线性加减速过程. 减速过程中，轴心位置单调向下，当转速为零时，轴与轴瓦实际上并未接触，减速率越大，两者之间的间隙越大，这与 Mokhtar[32]的试验结果是一致的. 将转速为零时的轴心位置作为加速过程的初始位置,达到最终转速后,再经过长时间的减幅振荡过程至最终平衡位置.论文还分析了弹性阻尼支撑下的情况[34].但上述论文中都未考虑温度场的作用.

Jain[35]比较了刚性轴瓦和弹性轴瓦支撑轴承的瞬态响应.其结论是弹性变形系数增大,使得轴承的承载力下降,因此在相同外载情况下,弹性轴承的偏心率要大于刚性轴承.稳定状态下,受到一定的外部不平衡激励后,弹性轴承重新平衡稳定的能力要大于刚性轴承,因此认为轴承的变形可以改进转子系统的稳定性.本文的局限性是对轴瓦变形采用简化的线性关系.

Pai[36]对动载荷下的浸油轴承进行了理论分析.文中采用四阶龙格-库塔法求解转子的运动方程,得出了定载荷、周期载荷和变载荷情况下的转子中心轨迹.发现对非定常载荷,轴心轨迹最终收敛为一个圆环,即有极限环等幅振荡.对定载荷稳定系统添加周期外载后,会使系统脱离平衡位置.文中也未涉及温度场的问题.

Gadangi[37]在等粘度和绝热两种工况下,利用非线性、线性和伪瞬态分析方法,研究了圆柱轴承和可倾瓦径向滑动轴承计入热效应的瞬态响应.提出温度场的作用非常重要,对大的突加不平衡激励应使用非线性分析方法.本文的不足之处是在每一时间步,使用稳态温度场的分析方法,并未真正计入$\partial T/\partial t$项.

Monmousseau[38]进行了可倾瓦径向滑动轴承快速启动过程的TEHD理论与试验研究.分析中只考虑了轴向中截面处的温度变化,入口处温度按混油计算,混合系数取为可倾瓦滑动轴承常用的定值0.85[39],计入了轴和瓦的热弹变形,启动按照线性加速过程.利用40个热电偶测量各部件的温度变化,发现温度场达到稳定状态需要较长时间.

Kucinschi[40]对圆柱轴承启动过程中温度场的变化进行了专门的试验研究,并且还测量了摩擦力矩的变化情况,为理论研究提供了较可靠的试验依据.其后作者便采用有限元方法进行了瞬态TEHD分析[41].文中认为,从试验结果可以看出,轴向的温度变化较小,因此求解过程仅使用二维数学模型考察轴向中截面处的温度场.

高明[42]对动载滑动轴承计算轴心轨迹所使用的 Holland 方法进行了改进. 把时间为零时的瞬间动载荷作为初始值,假定此时轴承只受静压作用,即不存在油膜挤压项,求出偏心率和偏位角作为整个迭代过程的初值,这样可以在很大程度上缩短收敛时间. 另外,文中还特别提出,除了要对每一步的偏心率增量进行限制外,还要注意对偏位角增量的限制,否则曲线会出现严重失真. 针对这一问题,作者提出了用奖惩法控制迭代步长的思想. 只是文中也未考虑温度场变化的影响.

王晓力[43]考察了热效应对动载轴承润滑性能的影响. 轴颈采用绝热边界条件,油膜和轴瓦温度场分别采用非稳态和准稳态数值求解方法,对轴瓦假设一个载荷周期内温度保持不变. 比较了轴瓦和油界面导热和绝热两种边界条件的计算结果. 文中对入口处的油温模型不尽完善.

富彦丽[44]对径向轴承在稳定载荷下的启动过程进行了瞬态热效应的研究,比较了快速启动和慢启动的情况. 文中建立了三维瞬态温度场分析的数学模型,油膜与轴瓦接触面使用了热流连续性边界条件. 只是对轴颈温度和入口处的油膜温度都仅仅设定为供油温度.

以上文献对启动和停机过程均采用给定时间,按照线性加、减速方式计算. 而实际工况中,加、减速时间并不是人为控制的,而是受到电动机功率、轴承部件摩擦损耗和外负载等各个因素的综合影响所决定的. 在理论分析中,只是为了计算的方便,而大多近似采用线性加、减速的假设.

另外还有 Earles[45]研究了可倾瓦径向轴承支承下的轴承转子紊流的稳定性和小扰动下的响应. Choy[46]在弹性转子和阻尼基座的假设下, 对等粘度油膜润滑的圆柱轴承进行了瞬态分析. Nikolakopoulos 等[47]利用 Lyapunov 直接法分析了在轴和轴承的中心线不平行的条件下径向滑动轴承的动态稳定性. Rao 等[48]对径向滑动轴承的动力系数及非线性瞬态特性进行了分析. 文中采用了一种压力的解析表达式，然后求解线性稳态下的临界转速和临界旋转频率. 还有很多文献[49-56]对径向滑动轴承中数学模型的误差估算、动特性系数、非线性的影响、动载荷作用、紊流、油膜破裂、润滑介质、瞬态热效应等内容进行了较为广泛的研究.

近年来，人们又引进了混沌理论，对滑动轴承在扰动作用下的非线性行为进行研究[57,58]，例如国内清华大学展开了轴承碰擦动态行为的研究[59,60].

1.3 弹性金属塑料瓦轴承的研究概况

自从 1974 年弹性金属塑料瓦推力轴承首次成功地应用于前苏联古比雪夫电站 9 号电站上，对复合材料在轴承中的应用日益成为轴承领域内研究的热点.

我国从 1991 年开始从前苏联陆续进口弹性金属塑料瓦，到 1997 年底，据不完全统计已进口 60 余台套[61]. 此间国内开展了很多关于弹性金属塑料瓦推力轴承试验应用及工艺和构造等方面的研究[62-76]，以模型试验和现场测量为主. 这些成果都表明塑料瓦的使用明显地避免了一些大机组推力瓦烧损事故的发生，提高了机组的运行可靠性，取得了良好的经济效益. 但是按照传统手段进行尝试试验，无论在时间还是在经济上都是难以承受的，因此国内上海大学、哈尔滨大电机研究所、大连理工大学、西安交大、哈尔滨理工大学等很多单位开始了采用计算机数值试验的方法对弹性金属塑料瓦推力轴承流体动压润滑工况的研究.

早在 1993 年，上海大学郑水荣[77]对大型可倾弹性金属塑料瓦推力轴承的流体动压润滑工况进行了理论分析. 计算模型包括雷诺方程、油膜能量方程、润滑介质的粘温关系方程以及轴瓦的变形方程. 其中应用有限元方法求解了雷诺方程和轴瓦变形，有限差分法求解了能量方程. 着重考虑了压力场下轴瓦的弹性变形，对球面支承、巴氏合金涂覆层和托盘支承、弹性金属塑料涂覆层两种推力轴承进行了轴瓦变形计算. 通过仿真发现在轻载工况下，两种轴承压力场、温度场分布情况基本类似，但在重载工况下弹性金属塑料瓦推力轴承将失去承载能力. 这主要是由于弹性金属塑料层的压缩变形而造成的. 由于其变形，使得轴瓦产生凹凸畸变，从而在轴瓦局部区域出现发散性油楔，不能形成良好的动压润滑油膜，轴承不能承载，产生干摩擦. 轴瓦温度场分布很不规则，特别是中间温度的周向分布出现局部低谷，并且入口温度与出口温度很相近，这也说明轴瓦表面出现畸变，同时局部区域与镜板表面发生了干摩擦.

轴承在实际工作过程中，前一块瓦出油边的高温油流，一部分进入油槽，一部分进入下一块瓦进油边，使得油槽油温以及下一块瓦进油温度不断上升，从而影响轴承的工况，在冷却系统不良时这种现象尤为显著. 作者特别对进油温度对轴承工作性能的影响进行了分析. 发现进油温度升高时，最小油膜厚度显著降低，当进油温度达到 55℃时，最小油膜厚度将超出最小允许值，使轴承无法继续正常工作. 另外油膜厚度的减小，使得进油流量下降，油液来不及将热量带走，造成整个温度场的上升，更进一步恶化了轴承的润滑工况. 虽然温度的升高，可以降低润滑油的粘度，使剪切力有所下降而减小功耗，但当最小油膜厚度超出最小允许值后，轴瓦表面与镜板表面将发生干摩擦，从而破坏润滑，使功耗大大加剧. 鉴于以上分析，文中提出在油槽处添加挡板的设计，使前瓦的油量回流至油箱而避免进入下瓦. 下瓦进油量基本上由油箱提供，这样尽可能降低下瓦进油温度，从而提高轴承的润滑工况以及承载性能.

论文主要创新点是展开了对重载工况下弹性金属塑料瓦推力轴承轴瓦初始型面的初步探讨，设计了四种不同初始型面的轴瓦. 其中之一为较理想化的型面，根据轴瓦变形而设计，是一种近似抛物曲面型面，很难加工出来，但它的形状及其数据信息可以作为其他型面性能好坏的评定标准. 据此设计出的一种型面已经加工出成品，并成功应用于广西大化水电厂 100 MW 机组[78]，运行状况优于进口瓦，例如瓦温比进口瓦平均低 10℃左右，比压可达 10.5 MPa，PV 值可达190 MPa · m/s，这两项指标已经超过了世界最高纪录，该成果 1994 年通过鉴定，获 1995 年机械部科技进步一等奖.

由于郑水荣的论文是初期的研究工作，所以文中的数学模型还不够完善，能量方程采用二维形式，没有考虑温度沿油膜厚度方向的变化，并且忽略了传导项，进油边温度设定为已知. 弹性金属塑料瓦材料的弹性模量是随着温度的变化而变化的，论文在计算过程中将它假定为一固定值，因此是存在一定的误差的.

1995 年，上海大学汪岩松[79]在能量方程中加入了传导项，并且全部采用有限元方法联立求解可倾式弹性金属塑料瓦推力轴承的数学模型，给出了详细的有限元求解方程的构造及边界条件的引入. 通过对压力场的求解，发现周向压力中心偏向轴瓦出油边，径向压力中心微偏向轴瓦内侧，与支点位置相符合. 对于平整型面轴承，当载荷增加至 2 980 T 后，轴承失去承载能力，这一理论计算与实验结果相吻合. 即在试车中弹性金属塑料瓦轴承空载下一切正常，但加载过大后轴承出现异常，局部区域由于干摩擦瓦温超过一定值而不得不停机. 弹性金属塑料层线胀变形沿周向逐渐增大，而沿径向则变化较小，这与温度分布有关，从变形趋势可知线胀变形有利于轴承形成流体动压润滑油膜. 机械变形将使瓦面产生凹陷，其沿周向先明显增大，增至一最大值后又开始减小，变形最大值在出油边靠近支点处；变形沿径向变化也较显著，中间大，两侧小，同时内侧变形比外侧大，变形最大值靠近内侧，这与压力分布一致. 由于平整的初始型面不能满足重载工况下轴承的工作要求，考虑到收敛性油楔将形成稳定的油膜并有承载能力，而瓦面的过度下凹将形成局部的发散性油楔，不利于油膜压力的建立，因此文中通过对轴瓦变形情况的详细分析，对轴瓦初始型面进行了更进一步的研究，设计了五种不同的初始型面，周向中间部分(高压区)适当凸起. 经过仿真计算，发现这几种初始型面轴承的温度场和压力场分布都很合理，只是性能优异程度略有不同.

文中首次提出了弹性金属塑料瓦表面油膜存在滑移的假设，即该处油膜速度不为零.通过数值试验发现计入滑移后,油膜温升大约降低10%.这主要是由于滑移速度的存在使进油量和出油量加大,从而加快了热循环,这就解释了为什么弹性金属塑料瓦的瓦温比巴氏合金瓦低、瓦温升较小的现象.

研究中作者只是对滑移现象进行了初步的分析,粗略的将滑移速度假设为镜板速度的10%,缺乏一定理论根据.对温度场的分析中同样忽略了油膜厚度方向的变化以及轴瓦的热传导,因此温度场的计算值与实测值在分布上存在一定的误差.

1995年,大连理工大学马震岳等人[80]也对可倾瓦支承式弹性金属塑料瓦推力轴承进行了TEHD分析.计算变形时,考虑了氟塑料和青铜丝弹性层的压缩变形,但文中将弹性层离散成一系列彼此独立的微小弹簧,忽略了相互牵连作用.镜板作为静止部件计算与油膜的耦合关系,且进油边温度假定为均布,边界条件不够完善.到2000年,他们又进行了更深入的研究[81],利用有限元法联立求解三维控制方程组,着重分析了油膜的热传导特性和镜板温度的合理取值,对单点支承和托盘支承的结果进行了比较.此次作者将进油温度沿进油边取为二次分布,即内外径处为20℃,中心为35℃;油膜与轴瓦接触面热传导相等;假设轴瓦下表面浸没在油槽中,瓦温等于油槽温度;轴瓦和油膜的其他边界假设为绝热边界;考虑了油膜向镜板以及油膜向油槽或冷却水管网的热传导;由于镜板周向旋转,在同半径处周向温度相同,因此将镜板温度近似等于油膜上表面温度的周向平均值.理论研究成果也验证了弹性金属塑料瓦的性能优于传统的钨金瓦.

1996年,武中德[82]也对大型水电机组弹性金属塑料瓦推力轴承的热弹流动力润滑性能进行了研究.文中采用二维模型,忽略油膜厚度方向的温度变化.温度场的求解内、外径边界处为绝热边界,考虑了轴瓦热弹变形对轴承润滑性能的影响.通过对四套塑料瓦推力轴承的仿真计算,从瓦变形、油膜厚度、油膜压力、瓦面温度及瓦体温度几个方面,比较了其与钨金瓦推力轴承的区别.总体认为弹性金属塑料瓦推力轴承工作性能优异,其瓦体温度比瓦面温度低很多,比同样的钨金瓦瓦体温度也低很多，且温差小，分布较均匀；与同样的钨金瓦相比，油膜峰值压力降低，最小油膜厚度增大，油膜厚度分布区域均匀. 由于材料性质的特殊性，轴瓦表面的变形也比钨金瓦要复杂. 对单支瓦，变形后的瓦面整体为凸形，但在高压区则趋于平面或微凹；而双支瓦，变形后的瓦面沿周向为凸形，沿径向则为波浪形，瓦面的变形对轴承的润滑性能会造成较大的影响.

以上两单位的理论分析工作，对于推力轴承动力润滑计算的数值模型分析中都发现由于弹性金属塑料瓦的弹性模量比钨金瓦小，因此瓦的变形增大，尤其是中心高压区变形更大，导致油膜厚度减小，有可能造成推力轴承无法正常运行. 但是上述两单位的研究都未对油膜边界滑移问题引起注意.

1997 年，上海大学王小静[83]对弹簧支承式弹性金属塑料瓦推力轴承进行了三维热弹流分析. 联立求解了广义雷诺方程、完整的三维能量方程和轴瓦热传导方程、轴瓦热弹变形方程、油膜厚度方程以及温粘关系. 能量方程考虑了油膜厚度方向的温度变化，并给出了油膜温度边界条件. 由于油膜厚度与轴瓦径向、周向尺寸相比非常小，故在油膜的内外侧泄边采用绝热假设. 在工作过程中，镜板是在做旋转运动，镜板上的点既经过油膜承载区，也经过油槽区，因此当润滑状态稳定后，镜板表面的温度可以认为是均匀分布的，并且考虑到镜板部分浸没在油池内，而金属的热传导性能良好，故在油膜与镜板的界面上油膜厚度近似取为油池温度. 在油膜与轴瓦的界面上，油膜中的热量传递到轴瓦上，从油膜传出的热流量必须与传入的热流量相等，即要遵循热流连续. 油膜入口区考虑了润滑油的混合作用，即新补充的冷油流量与热油流入的流量之和等于润滑油膜入口区流入的流量，根据热量平衡得到了入口区油膜的二维温度分布，对于热油进入下游瓦的流量通过假设的混油比例系数确定. 轴瓦温度场由拉普拉斯方程确立，与油槽中冷油接触面的边界条件为固体与液体间的对流换热. 雷诺方程、能量方程、热传导方程均采用有限差分法进行求解，而固体的热弹变形方程使用有限元方法求解. 其模型仿真结果与国外文献和葛洲坝12.5万千瓦机组扇形可倾瓦推力轴承试验数据均吻合较好.

文中对弹簧支承式推力轴承进行了热弹流分析研究,该种支承方式避免了传统可倾瓦支承式推力轴承只有一个支承来承托整个轴瓦,使轴瓦受力分布不好,变形严重的问题.对不同型面和不同弹簧布置方式进行了计算,并讨论了轴瓦厚度、弹簧刚度、速度、载荷、混油比例系数和进油温度对瓦面性能的影响.发现速度、载荷、进油温度对轴承性能的影响非常大,使油膜温度场、压力场、膜厚分布变化显著.若弹簧布满整个轴瓦,反而使轴瓦性能变差;在进油区域弹簧布置少些,进油区域径向中部的弹簧更宜减少,易于油楔形成,降低油膜温度;内外径处应布满弹簧,使轴瓦径向中部凹陷,增加流量,降低油膜温度.在进油区域轴瓦型面高度应上升迅速,在出油边附近型面下降,都能有利于改善轴承性能.厚瓦使轴瓦刚性增加,但散热性差,油膜温度升高;薄瓦散热性好,但刚性太差导致变形大,使膜厚减小、流量减小,也会造成油膜温度升高,因此轴瓦厚度应进行优化设计.弹簧刚度的变化对轴瓦性能影响不大,在中心承载区局部增大弹簧刚度能起到增加膜厚、降低油温的效果.而混油比例系数的变化对油膜温度场尤其是入口区的温度分布影响较大.

在前述上海大学汪岩松文中提出了弹性金属塑料瓦表面润滑油膜可能存在滑移现象,但没有实验验证,为此王小静设计了对比试验验证界面滑移现象的实验装置,用钢材料圆盘和聚四氟乙烯材料圆盘进行对比,观察滑移是否存在.试验结果表明,当达到一定工况条件后,由聚四氟乙烯材料圆盘测得的油膜剪切力矩,明显小于相同情况下钢材料圆盘测得的油膜剪切力矩,根据理论推导,从而证明了滑移假设的成立,并提出了初步的滑移速度数学模型.计入滑移效应后,论文进行了弹簧支承式弹性金属塑料瓦推力轴承的TEHD分析.计入滑移效应的计算结果与不计入滑移的计算结果相比较,两者的性能分布曲线基本类似,前者的油膜压力略大,膜厚较小,变形略大,摩擦力减小,最为明显的是油膜温度和轴瓦温度的下降,前者最高油膜温度为 37.4℃,后者为 38.4℃.油膜温度的下降使轴瓦温度也相应下降.在轴瓦与润滑油界面上的滑移现象能使流量有所增大,摩擦力相应减小,从而使油膜温度降低.与普通金属瓦推力轴承的比较发现,弹性金属塑料瓦的油膜压力略小,其峰值偏向出油边,普通金属瓦的油膜厚度较厚而变形较小,并且其油膜温度略高于弹性金属塑料瓦,普通金属瓦的轴瓦温度比弹性近似塑料瓦要高许多.计入滑移后的计算结果,与大化电厂单机 100 MW 发电机组弹性金属塑料瓦推力轴承的试验数据非常吻合.

西安交通大学采用细长管流阻对比测试方法,也证实了聚四氟乙烯边界滑移现象.

此外还有针对弹性金属塑料瓦材料性能方面的研究.西安交通大学徐华等[84]通过对由聚四氟乙烯(PTFE)塑料和青铜丝弹簧所组成的复合材料轴瓦的性能进行实验测量和理论分析,建立了反映复合材料轴瓦的应力与应变关系的材料松弛模量矩阵.比较了普通聚四氟乙烯材料和经过压缩强化的聚四氟乙烯材料的力学性能,发现强化后的聚四氟乙烯塑料的粘滞性效应有所减弱,而模量要高于未强化时的一个数量级以上,更适合弹性金属塑料瓦的要求.文中还测出了该轴承复合材料弹性模量随温度和频率变化的曲线,这为进行热弹流数值模拟提供了必要的材料参数.

吕新广等[85]对弹性金属塑料瓦的导热性能参数进行了测定.实验中,依照实用的弹性金属塑料瓦的工艺参数和制作条件制作了一块实际模型,在稳态平板导热仪上测量其导热系数.实验过程按照浸油和不浸油两种情况进行,并根据热阻串联原理,得出了弹性金属塑料瓦各层的导热系数.同时结合真机运行的实际情况对瓦面温度及瓦体温度进行了分析,认为巴氏合金瓦在厚度方向上的温度变化要明显低于弹性金属塑料瓦.按照文中的尺寸参数,当工作表面温度相同时,通过单位面积的巴氏合金瓦表面的热流量比通过弹性金属塑料瓦瓦面的热流量要高出 10 倍左右,所以弹性金属塑料瓦的钢基温度相应地要比巴氏合金瓦的低很多.

李永海等[86]实验测试了弹性金属塑料瓦常温下的压缩弹性模量.发现弹性复合层的力与变形的关系呈非线性,关系曲线上各点斜率不同,即各点的弹性模量不等.文中给出了按照非线性关系求得的理论弹性模量的平均近似值,同时为了今后方便计算轴瓦受压后的变形,也给出了按线性关系得出的计算弹性模量.实验证明无论是计算弹性模量,还是理论弹性模量,弹性金属塑料瓦的值均高于弹性复合层的值,实际应用时应采用弹性复合层的弹性模量,其值大小并不像金属材料那样为常数,而是随压力增大而逐渐增大,且瓦内各部分材料结构的不均匀性将导致瓦面各点的刚度有一定的差别.其后作者又考察了温度对弹性模量的影响[87].在低于45℃时,温度对弹性模量的影响较小;高于45℃后,温度对弹性模量的影响很大,随着温度的升高弹性模量降低较快.

Markin[88]采用有限元分析软件,对球支承和弹簧支承推力轴承进行了润滑特性分析.文章最后也对采用聚四氟乙烯材料涂层表面的轴瓦进行了研究.国外有关聚四氟乙烯表面涂层轴承的研究还很多[89-92],但是他们所采用的仅仅是在轴瓦表面涂覆聚四氟乙烯材料,这类轴承只能用于轻载荷工况下,与我们的轴承结构还是有很大区别的.

至今国内外尚无其他单位和个人研究弹性金属塑料瓦径向滑动轴承的报导.为了将该材料运用到径向滑动轴承中,本研究获得了国家自然科学基金资助,从而在国际上率先展开了弹性金属塑料瓦径向滑动轴承流体动压承载机理及其工作特性的研究.

1.4 流体润滑的数值分析方法

随着计算机技术和现代数值方法的迅速发展,数值试验已成为现代工程问题虚拟研究的重要手段.计算润滑力学应运而生,这是一门集流体力学、传热学、弹性力学和计算数学等多种学科互相交叉的边缘学科.数值求解描述流体运动的偏微分方程已成为润滑力学理论研究的重要手段,其中有限差分法、有限容积法、有限元法和谱方法是最基本的方法.

最早的流体力学的数值计算都是用差分方法实现的.有限差分法用差商代替微商,其思想方法简捷明了,格式构造方便灵活、易于模拟各种物理性质,因此,半个多世纪以来,差分方法在理论和实践上都取得了巨大的进展.如张直明[93]、温诗铸[94]、陈伯贤[95]等专著中都对差分法在流体动力润滑数值计算中的应用进行了详细的论述.但差分法的缺点在于其逼近精度受到格式本身的限制,通常对空间坐标是二阶精度,对时间坐标仅是一阶精度,且不便于处理复杂区域上的问题.

有限元方法是偏微分方程数值解的另一种十分有效的方法,其最为突出的优点是便于求解复杂区域上的问题,这也是有限元方法在过去的几十年中,在弹性力学、流体力学以及大量的工程问题的计算中获得极大成功的主要原因之一.另外,有限元法对于事先未知的自由边界或求解区域内部不同介质的交界面比较容易处理.由于有限元理论形式单纯规范,因而还有易于编制大型通用计算软件的优点.与有限差分方法相类似,有限元方法的逼近精度同样受到格式本身的限制.离散后的系数矩阵的条件数为 $O(h^{-2})$,随网格数的增大,给病态代数方程组的求解带来很大困难.并且难以处理无界区域问题及断裂或凹角区域上的问题.

半解析解法是由陈景仁[96]提出的一种方法,其目的是希望在给出局部单元解析解的基础上,建立计算方法.差分格式对尺度为二阶精度,对时间项只有一阶精度,而半解析法却将时间项也提升为二阶.本人曾对二维雷诺方程采用三阶切比雪夫半解析法进行过实验,结果不尽如人意.当改用六阶切比雪夫插值时,计算量大大增加,但结果仍不理想.

近年来,谱方法已成为数值求解偏微分方程的又一强有力的工具.早些年,由于它计算量大而一直没有被广泛使用,直到 1965 年快速 Fourier 变换的出现,才给谱方法带来了生机.谱方法起源于 Ritz-

Galerkin 方法，它是以正交多项式(三角多项式、Chebyshev 多项式、Legendre 多项式等，它们分别是正则和奇异 Sturm-Liouville 问题的谱函数)作为基函数的 Galerkin 方法、Tau 方法或配置法. 它们分别成为谱方法、Tau 方法或拟谱方法(配点法)，统称为谱方法. 谱方法的最大魅力是它具有所谓"无穷阶"收敛性，如果原方程的解无穷光滑，那么用适当的谱方法所求得的近似解将以 N^{-1} 的任意幂次速度收敛于精确解，这里 N 为所选取的基函数个数. 这一优点是有限差分法和有限元法无法比拟的. 然而将谱方法引入计算润滑力学是近十年的事[97]，相关文献甚少，尚有不少工作可做.

与此雷同的还有微分求积法(DQ 法)，该方法便于编程、运算速度和精度都很高，而且由于是全局逼近的方法，因此只要较少网格点，即可获得很高的数值精度. 该方法也已经被移植到滑动轴承分析中[98].

上述各种方法，最终都可归结为代数方程的求解，随着网格数的增加，都存在系数矩阵条件数迅速增加的难题，特别在三维研究的情况下，矛盾更为突出. 该问题是长年来数值计算领域的热门课题. 近年来各种各样的预处理算法相继问世，值得作为改进现有的润滑分析算法的重要手段，有展开移植应用研究的必要.

此外，在偏微分方程数值解的研究领域，又出现了基于小波的逼近方法[99,100]和基于神经网络的逼近方法[101-103]，这些方法比差分法和有限元法精度更高，数值稳定性更好，误差分布更均匀，在较少的网格下即可达到很高精度，对我们很有吸引力. 但目前尚未见在计算润滑力学方面的应用文章，况且文中算例是线性偏微分方程，对计算润滑力学中的非线性偏微分方程的性能如何，有待进一步的研究.

1.5 本文的主要研究内容

弹性金属塑料瓦径向滑动轴承是一种新型轴承，国内外尚无理论研究的先例，其热弹流数学模型和承载机理有待探索，除了理论和数值分析研究之外，有必要进行实验研究，以便为理论分析提供依据.

本文的主要研究内容包括：

◇ 评述国内外滑动轴承的研究成果，特别对弹性金属塑料瓦轴承的研究应用进行了介绍，并指出本文的立项依据(本文第一章内容).

◇ 对弹性金属塑料瓦径向滑动轴承的滑移特性进行试验研究，通过对试验数据的拟合，建立较为完善的滑移速度与油膜剪切应力及外界场压力之间关系的数学模型，从而为理论假设提供有效依据，并为边界滑移特性的仿真提供数学模型(本文第二章内容).

◇ 建立径向滑动轴承稳态润滑特性的三维计算模型，并对数值求解方法进行比较分析，通过与国外文献中的实验数据进行对比，证明数学模型及求解程序的可靠性(本文第三章内容).

◇ 通过对边界滑移现象的分析，揭示弹性金属塑料瓦径向滑动轴承的特殊润滑机理. 搭建弹性金属塑料瓦径向滑动轴承的润滑油膜压力场和温度场分布综合试验台，对试验数据进行研究分析，为理论仿真提供对比依据(本文第四章内容).

◇ 建立金属瓦径向滑动轴承瞬态热弹流分析模型，主要考察轴承在启停过程中的润滑特性，并通过两个算例验证本文模型算法的正确性(本文第五章内容).

◇ 重点分析弹性金属塑料瓦径向滑动轴承启停过程中的润滑机理，比较与普通金属瓦轴承的区别，为弹性金属塑料瓦径向滑动轴承的应用提供设计指导(本文第六章内容).

◇ 总结本文的研究成果及创新点，并提出进一步的研究方向(本文第七章内容).

1.6 本章小结

本章阐述了论文的研究背景及其科学意义和价值. 对国内外相关领域的研究动态和发展趋势作了翔实的评述. 最后，给出本文的主要研究内容和章节安排.

第二章 弹性金属塑料瓦径向滑动轴承边界滑移现象的试验研究

在对经典雷诺方程进行推导时，一个重要的假设就是认为油液在固体界面上没有滑移，认为在界面上油是粘附在固体表面上的，即附着于界面上的油液质点的速度与界面上相应点的速度相同. 据此，经典的流体润滑理论的计算分析都是在无滑移假设的基础上进行的. 通常情况下，轴瓦采用金属材料制作，而金属表面能高，液体极易粘附在其表面上，采用无滑移假设的雷诺方程的正确性在工程实践中得到证明.

弹性金属塑料瓦目前已经得到广泛应用，其轴瓦表面是一薄层聚四氟乙烯材料，材料的物理性能与金属相比有很大的差异，该材料表面能低，不粘性十分明显，润滑油在其表面上是否还能应用无滑移假设就值得探讨了.

针对弹性金属塑料瓦推力轴承的一些实验现象，我们发现很难用无滑移假设进行解释. 与原来采用的钨金瓦相比，弹性金属塑料瓦推力轴承每块瓦的平均温升降低了 5℃左右，并且其油膜温度比钨金瓦的油膜温度低，如大化电厂测得的弹性金属塑料瓦的油膜温度比钨金瓦的油膜温度低[104]. 但是我们知道聚四氟乙烯的导热性很差，导热系数比一般金属小三百多倍[105]，因此油膜中的粘滞功耗产生的热量通过弹性金属塑料瓦向瓦基传出的热量要比钨金瓦传出的热量少，绝大多数热量需要靠润滑油流动及镜板传热带走. 如果假定两者发热量相同，就会造成塑料瓦油膜内的温度比钨金瓦的油膜温度要高，可这与大化电厂的实际现象相矛盾. 另一方面，如果假设聚四氟乙烯与润滑油的界面上存在滑移，使油膜内润滑油的流量增大，从而抵消了因瓦体导热性能差而造成的温升作用，就能很好的解释弹性金属瓦的油膜温度比钨金瓦的油膜温度低的实际情况.

根据论文[83]对弹性金属塑料瓦推力轴承边界滑移的实验研究，验证了边界滑移现象在弹性金属塑料瓦推力轴承中是存在的，论文中并建立了相应的数学模型.

本文在论文[83]基础上，即在测出常压下滑移速度与剪切力的关系的基础上，要进一步测定油膜场压力对滑移速度的影响，以建立更合理的滑移模型.

2.1　边界滑移试验台架设计

2.1.1　理论基础

如图 2.1 所示，对于空间存在的一滴液珠，有三个相界面：固液(SL)、液气(LV)和固气(SV)，三个界面张力：γ_{SL}、γ_{LV}、γ_{SV}. 根据 Young 方程，它们之间有如下关系[106]：

$$\gamma_{SV} = \gamma_{SL} + \gamma_{LV}\cos\lambda \quad (2.1)$$

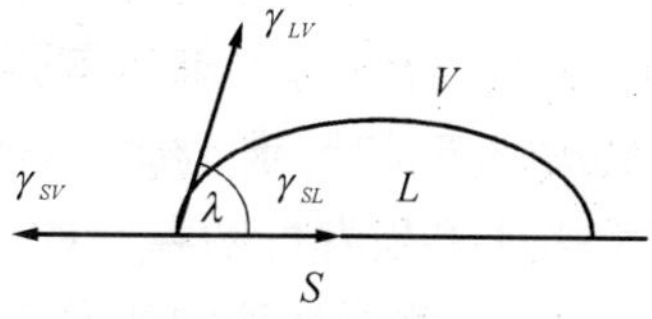

其中 λ 为接触角，λ 越大，液体润湿性越差. 当 $\lambda=0°$时，固体表面完全被液体润湿，液体可在固体表面上自发的铺展开来；当 $\lambda = 180°$ 时，液体完全不能润湿固体表面，液体在固体表面上呈圆珠形. 通常，把 $\lambda = 90°$ 作为润湿与否的分界线，$\lambda < 90°$ 表示润湿；$\lambda > 90°$ 表示润湿不良.

图 2.1　界面张力示意图

考虑由 A、B 两种物质组成的圆柱体，若在其接触面处将圆柱体分开，则由 Dupre' 方程，作用于单位界面面积上的功等于：

$$W_{AB} = \gamma_A + \gamma_B - \gamma_{AB} \quad (2.2)$$

此即为克服两种物质之间的相互作用力(粘附力)所需要做的功，称为粘附功，用以表征两种物质的粘结强度.

由于聚四氟乙烯是非极性材料，Fowkeb 方程为：

$$\gamma_{AB} = \gamma_A + \gamma_B - 2\sqrt{\gamma_A \gamma_B} \tag{2.3}$$

代入方程(2.2),得:

$$W_{AB} = 2\sqrt{\gamma_A \gamma_B} \tag{2.4}$$

如果圆柱体完全由 A 物质组成,接触角 $\lambda = 0°$,要分割开圆柱体则对单位面积所做的功等于:

$$W_{AA} = 2\gamma_A \tag{2.5}$$

此为克服物质分子本身相互作用力(内聚力)所需要做的功,称为内聚功,表示将一种物质分开的条件.

要使内聚功大于粘附功,即 $W_{AA} > W_{AB}$,则要求:

$$\gamma_A > \gamma_B \tag{2.6}$$

若 A 相为油,B 相为聚四氟乙烯,一般来说油的界面张力为 30×10^{-3} N/m,聚四氟乙烯的界面张力为 18×10^{-3} N/m,所以完全可以满足式(2.6)的要求,表面粘附断裂应出现在内聚断裂之前,因此边界滑移现象是有可能存在的.而金属的界面张力一般在 500×10^{-3} N/m 以上,它对油液的粘附功远大于油液自身的内聚功,所以边界滑移假设不能成立.

2.1.2 试验原理

在图 2.2 所示的坐标系中,取一油膜质点 p,由于没有楔形间隙和挤压作用,油膜中只有剪切流且做层流运动,则可得速度边界条件为:

$$\begin{cases} r = r_0, & u = \omega r_0 - v_s \quad v = w = 0 \\ r = r_0 + h, & u = 0 \quad\quad\quad\quad v = w = 0 \end{cases} \tag{2.7}$$

根据连续性方程和动量方程,可得速度分布为:

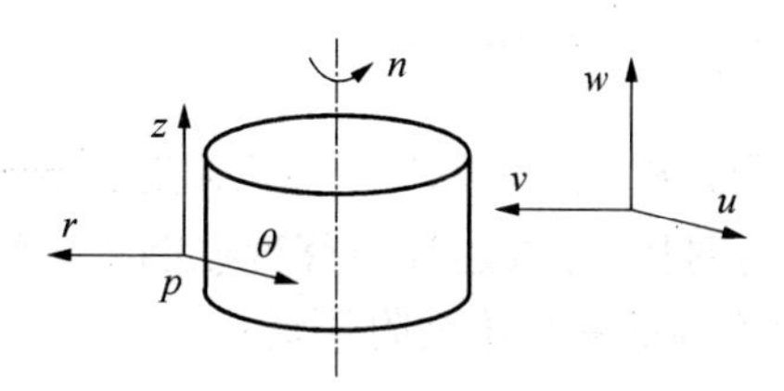

图 2.2　油膜质点速度分析示意图

$$u=\left(1-\frac{r-r_0}{h}\right)(\omega r_0-v_s) \tag{2.8}$$

式中，r 为 p 点径向坐标；

r_0 为轴半径；

u、v、w 分别为 p 点周向、径向和轴向速度；

h 为轴与外面圆筒的间隙，即油膜间隙；

ω 为轴的转速；

v_s 为滑移速度.

因为油膜厚度 h 远小于轴半径 r_0，故可忽略曲率的影响. 又因 h 远小于轴外侧表面和圆筒内侧表面有效作用宽度 L，故可将形成油膜的轴外侧表面和圆筒内侧表面视为两无限大平板，于是根据牛顿剪应力定律可得油膜剪切应力为：

$$\tau=\mu\frac{\partial u}{\partial r}=-\frac{\mu}{h}(\omega r_0-v_s) \tag{2.9}$$

其中 μ 为润滑油动力粘度.

于是可得静止圆筒所受摩擦力矩为：

$$M=-\iint\tau r(r\mathrm{d}\theta\mathrm{d}z)=2\pi r_0^2L\frac{\mu}{h}(\omega r_0-v_s) \tag{2.10}$$

由上式可知，如果固液界面间确实存在滑移作用的话，那么采用聚四氟乙烯材料做为转轴时得到的摩擦力矩应该小于金属轴得到的摩擦力矩，而两者的差值就是由滑移作用造成的.

2.1.3 试验台架介绍

根据上述理论分析，本文设计了一组对比试验，用金属材料和聚四氟乙烯材料进行对比，考察边界滑移现象的正确性，试验装置如图2.3所示(试验台实物照片见论文附录页).

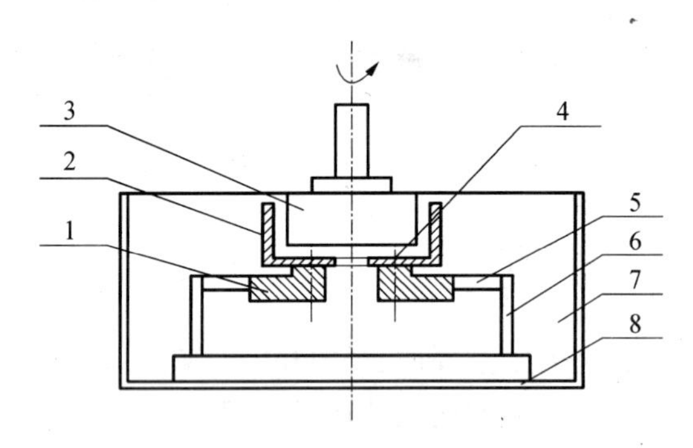

1 托盘　2 轴套　3 轴　4 螺钉　5 弹簧片
6 支架　7 润滑油　8 腔体

图 2.3　边界滑移试验台架简图

整个装置为一密闭容器，容器内注满润滑油，并且可以通过容器外的小泵向容器内补入高压油，利用液压马达带动轴3转动. 轴套2由螺钉4固定于托盘1上，托盘通过三个弹簧片5连接于支架6上，支架固定在密闭容器内. 套筒和轴保持一定间隙，以保证两者之间充分润滑产生油膜且不破裂.

当轴相对于轴套转动时，油膜内的润滑油受到剪切作用，会在轴套上产生摩擦力矩，从而使轴套发生一定的转动，这样也会带动弹簧片发生扭转变形. 当轴采用钢材料时，由于钢的表面能高，润湿性好，表面不易发生滑移现象，所以油是粘附在其表面的. 而当轴采用聚四氟乙烯材料时，材料的表面能低，吸附性能差，很容易会产生滑移现象. 根据前面的分析知道，是否存在滑移现象，对摩擦力矩的大小是有影响的. 在弹簧片上贴上电阻应变片，就可以把弹簧片的扭转变形转化为电信号输出，从而可以得知轴套所受到的摩擦力矩值. 试验前,首先对三根弹簧片进行标定,得到摩擦力矩与输出电压信号的关系.

2.2 试验过程分析

试验时,首先将钢材料的轴置于密封容器内,保持常压状态,转轴取不同转速,分别测量三组应变片的输出电压,从而得出弹簧片受到的摩擦力矩值.改变容器内的压力场,再取不同转速值进行测量.通过对比发现,压力场的变化对金属轴的摩擦力矩几乎没有影响.

然后再把尺寸相同的聚四氟乙烯轴放于密封容器内,先保持常压状态,取不同转速,分别测量三组应变片的输出电压,得出弹簧片受到的摩擦力矩值.试验过程中发现密封容器内压力场改变,会对应变片的输出电压值产生较大的影响,所以再改变不同的压力场,测试弹簧片受到的摩擦力矩.

最后改变油膜间隙值,再重复上述试验过程.

本次试验环境温度为 27.5℃,润滑油为 30 号透平油.

2.2.1 大气压下试验过程

密封容器内压力保持为一个大气压,即常压.在不同转速工况下,分别对金属轴和聚四氟乙烯轴旋转产生的摩擦力矩进行测量,得出摩擦力矩与转速的关系曲线,如图 2.4 所示.图 a 是油膜间隙为 0.1 mm 的工况,图 b 是油膜间隙为 0.15 mm 的工况.其中实线表示聚四氟乙烯轴的摩擦力矩,虚线表示金属轴的摩擦力矩.

由图中可以看出,当转速升高时两种材料的摩擦力矩都会增大.低转速时,金属轴与聚四氟乙烯轴的摩擦力矩基本相等,但随着转速的升高,很明显可以看出,两条曲线之间产生了一个差值,即采用金属轴时的摩擦力矩大于聚四氟乙烯轴.这是因为在使用金属轴时,润滑油在金属表面速度为零,是粘附在轴表面的,因此产生静摩擦作用.而采用聚四氟乙烯轴时,由于固液界面间存在滑移作用,油液在

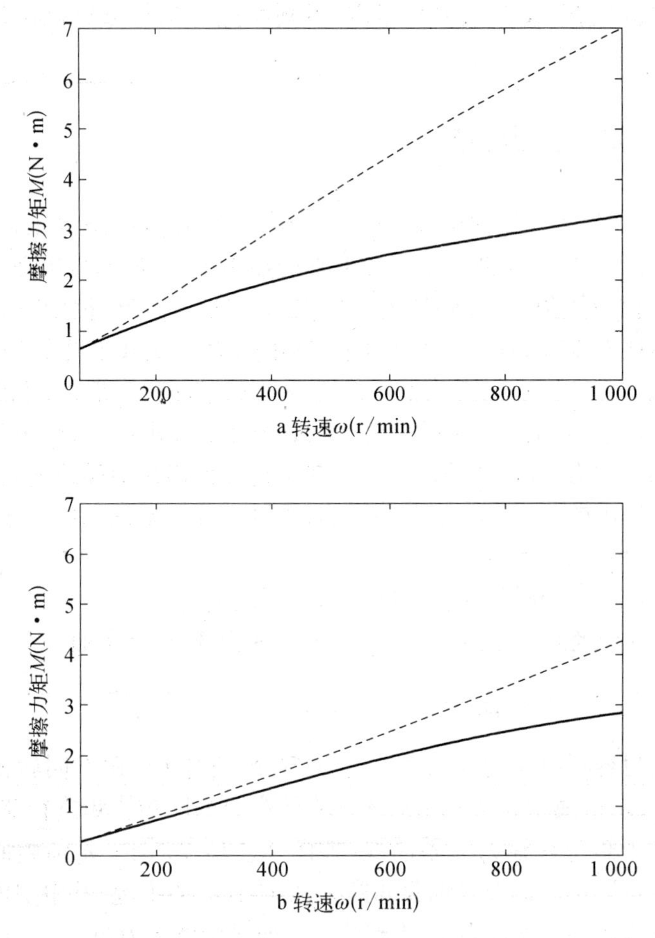

图 2.4 摩擦力矩与转速关系曲线

轴表面是有速度的，所以产生的是动摩擦作用，摩擦力减小，从而使得摩擦力矩也小于金属轴的情况了. 由此可以证明聚四氟乙烯与润滑油的固液界面间确实存在油液的滑移现象. 而且随着转速的增加，两种材料摩擦力矩的差值也在逐渐增大. 另外，比较图 a 和图 b 可以发现，当油膜厚度小时，两条曲线间的差值也较大，这表明滑移引起的两种材料的摩擦力矩差值会随着油膜厚度的减小而增大.

根据式(2.10),可得由滑移作用引起的摩擦力矩差值为:

$$\Delta M = 2\pi r_0^2 L \cdot \frac{\mu}{h} \cdot v_s \tag{2.11}$$

所以得到滑移速度为:

$$v_s = C \cdot \Delta M \cdot h \tag{2.12}$$

其中 $C = \dfrac{1}{2\pi r_0^2 L\mu}$.

利用上式结合图 2.4,可以得到不同油膜厚度情况下滑移速度与转速的关系曲线,如图 2.5 所示. 其中点划线是油膜厚度为 0.1 mm 的情况,实线是油膜厚度为 0.15 mm 的情况.

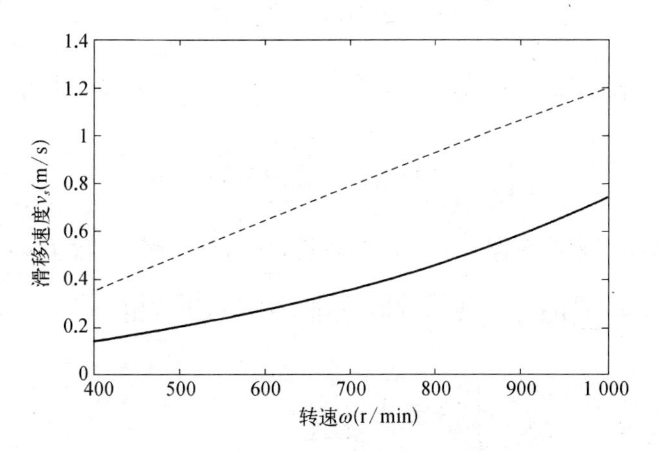

图 2.5　滑移速度与转速关系曲线

图中两条曲线都随着转速 ω 的升高而平滑向上,说明滑移速度 v_s 是随转速的升高而增大的,即两者成正比关系. 而两者之间也存在着一个差值,因此油膜厚度 h 也会对滑移速度产生影响. 同一转速下,油膜厚度小的滑移速度要大,说明滑移速度是与油膜厚度成反比关系的. 故在润滑油粘度 μ 和轴半径 r_0 一定的情况下,滑移速

度 v_s 仅与量 $\left(\dfrac{\omega}{h}\right)$ 有关. 如计入量 μ 和 r_0，则得到 $\left(\mu \cdot r_0 \cdot \dfrac{\omega}{h}\right)$，其量纲与剪切力 τ 相同，由此可推知，常压下滑移速度 v_s 是与剪切力 τ 有关的.

2.2.2 大气压下边界滑移数学模型的建立

根据以上分析，可以提出如下数学模型：

$$v_s = A\exp\left(\sum_{i=1}^{n} B_i\tau^i\right) \tag{2.13}$$

对上式进行对数变换可得：

$$\ln v_s = \ln A + \sum_{i=1}^{n} B_i\tau^i$$

令 $Y = \ln v_s$，$a = \ln A$，$b_i = B_i (i = 1, \cdots, n)$，上式可化为：

$$Y = a + \sum_{i=1}^{n} b_i\tau^i \tag{2.14}$$

采用最小二乘法对图 2.5 中的曲线进行拟合，求解函数：$f(a, b_i) = \sum_{j=1}^{m}\left[\left(a + \sum_{i=1}^{n} b_i\tau^i\right)_j - Y_j\right]^2$ 的最小值，即求解方程组：

$$\begin{cases} \dfrac{\partial f}{\partial a} = 0 \\ \dfrac{\partial f}{\partial b_i} = 0 \quad (i = 1, \cdots, n) \end{cases}$$

拟合时，对 τ 采用 2 到 4 阶不同阶次的多项式形式，拟合结果如图 2.6 所示. 通过对比可以看出，采用 τ 的 2 到 3 阶多项式形式时，拟合结果与原数据点的误差较大，而采用 4 阶形式时拟合结果最为理想，得到：

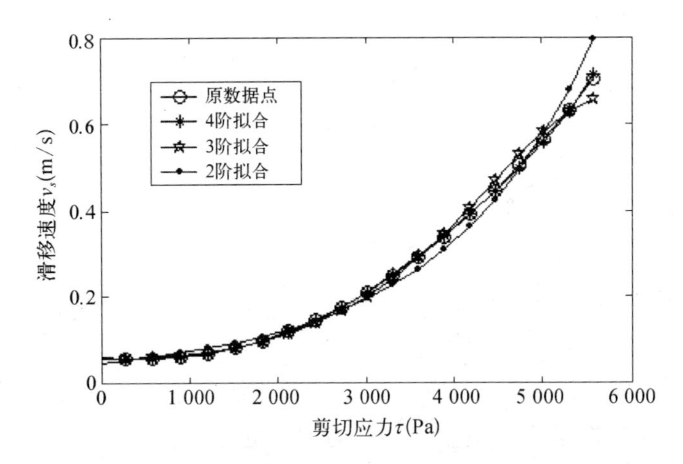

图 2.6 采用不同阶次对滑移速度的拟合结果曲线

$$\begin{cases} A = e^a = 0.058\,09 \\ B_1 = b_1 = -4.170\,352\,594\,370\,391 \times 10^{-4} \\ B_2 = b_2 = 5.723\,184\,041\,994\,104 \times 10^{-7} \\ B_3 = b_3 = -1.233\,014\,059\,820\,540 \times 10^{-10} \\ B_4 = b_4 = 8.723\,078\,799\,529\,608 \times 10^{-15} \end{cases} \tag{2.15}$$

经过对比验证，发现高次分量不可忽略，否则会对结果造成很大的影响.

通过前面的试验我们知道滑移并不是在任何情况下都会发生的，只有当转速大于一定值，即剪切应力大于某一临界值后滑移现象才会发生，这一现象与文献[83]是相一致的. 因此要对拟合出的滑移速度数学模型加以约束，若将该临界点的剪切应力值记为 τ_0，则必须满足如下条件：

当油膜剪切应力 $\tau < \tau_0$ 时，不发生边界滑移，即 $v_s = 0$；

当油膜剪切应力 $\tau > \tau_0$ 时，发生边界滑移，即 $v_s \neq 0$.

对图 2.5 中的两条曲线分别按 $v_s - \omega$ 关系进行拟合，再根据 $\left.\frac{\mathrm{d}v_{s1}}{\mathrm{d}\omega_1}\right|_{\tau=\tau_0} = \left.\frac{\mathrm{d}v_{s2}}{\mathrm{d}\omega_2}\right|_{\tau=\tau_0}$，可求出 $\tau_0 = 1.126\,94$ kPa，根据此限制结果，最后可得到常压下滑移速度的数学模型为：

$$v_s = \begin{cases} A\exp\left(\sum_{i=1}^{4} B_i\tau^i\right) & \tau > 1.126\,94\ \text{kPa} \\ 0 & \tau \leqslant 1.126\,94\ \text{kPa} \end{cases} \tag{2.16}$$

式中系数见(2.15)式.

2.2.3 场压力下试验过程

在试验过程中发现,当聚四氟乙烯轴在密封容器中旋转时,随着密封容器内压力的变化,弹簧片上应变片的输出电压也会有所变化.这说明与弹簧片连接的轴套筒所受到的摩擦力矩大小不仅与转速和油膜厚度有关,而且与容器内的压力大小也有关系.

由摩擦力矩公式(2.10)可知,静止轴套受到的摩擦力矩 M 是与滑移速度 v_s 有关的,而通过试验发现 M 还随着密封腔内压力场的变化而变化,所以 v_s 必然也是压力的函数.

图 2.7 是转速分别为 200 r/min、400 r/min、600 r/min 和 800 r/min 时,金属轴和聚四氟乙烯轴的摩擦力矩差值 ΔM 与压力变化的关系曲线.图 a 是油膜厚度 $h = 0.1$ mm 的情况,图 b 是油膜厚度 $h = 0.15$ mm 的情况.

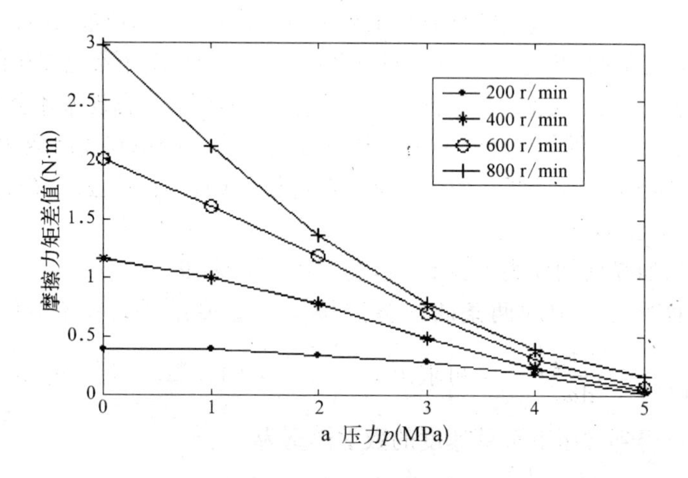

a 压力p(MPa)

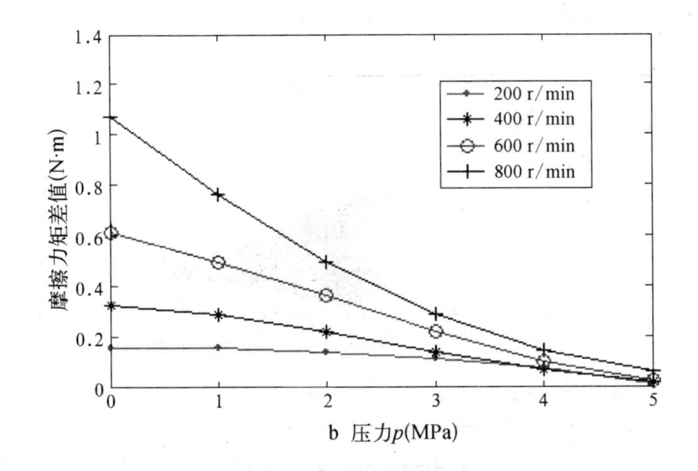

图 2.7 金属轴和聚四氟乙烯轴的摩擦力矩差值与压力关系曲线

从图中可以看出,在不同转速及油膜厚度情况下,两种材料摩擦力矩的差值 ΔM 都是随着压力的增加而减小的. 特别是在高转速小油膜厚度情况下,由于此时的剪切应力相对较大,滑移作用非常明显,在施加压力场后,使得滑移速度减小,从而造成摩擦力矩的差值减小的也相对较快.

根据摩擦力矩差值,可以得到受转速和压力场同时作用下的滑移速度的变化情况曲面图,如图 2.8 所示. 其中图 a 是油膜厚度 $h = 0.1$ mm 的情况,图 b 是油膜厚度 $h = 0.15$ mm 的情况. 可以看出,滑移速度随转速和压力变化而变化的趋势与摩擦力矩差值的变化趋势是一致的.

由常压下对滑移速度的分析可知,v_s 是与 $\left(\mu \cdot \dfrac{\omega r_0}{h}\right)$ 基本上满足平面内的指数关系,所以在此基础上,增加压力变化的维度即可得到滑移速度 v_s 与 $\left(\mu \cdot \dfrac{\omega r_0}{h}\right)$ 以及压力 p 变化的三维曲面图.

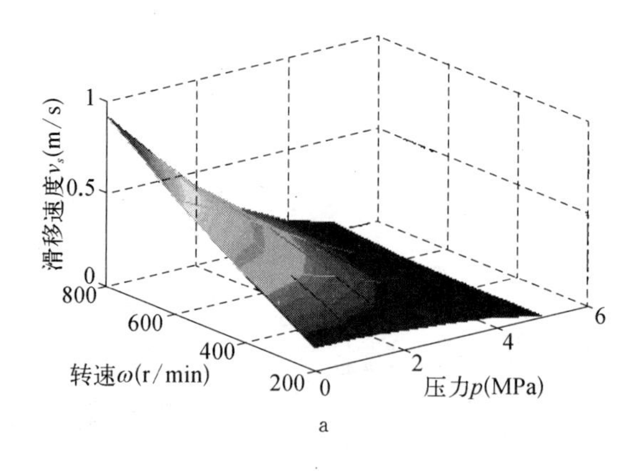

a

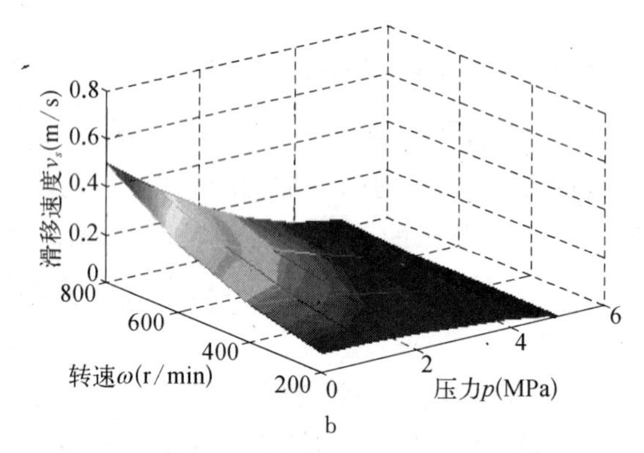

b

图 2.8　滑移速度随转速和压力变化的曲面图

2.2.4　场压力下边界滑移数学模型的建立

通过试验结果可以看出，在压力场作用下，滑移速度是随着压力增大而减小的，根据其曲线形状，也可以按照指数关系进行拟合. 通过对试验数据在 p 和 τ 方向上的相关分析可知，滑移速度在两方向上的分量基本保持不相关，据此，可以提出如下的数学模型：

$$v_s = \exp\left(\sum_{k=1}^{l}(A_k\tau^k) + Bp + C\right) \tag{2.17}$$

采用常压下滑移速度数学模型的拟合方法，对式(2.17)做对数变换：

$$\ln v_s = \sum_{k=1}^{l}(A_k\tau^k) + Bp + C$$

令 $Z=\ln v_s$，$a_k=A_k(k=1,\cdots,l)$，$b=B$，$c=C$，$X=\tau$，$Y=p$，则上式可化为：

$$Z = \sum_{k=1}^{l}(a_kX^k) + bY + c \tag{2.18}$$

用最小二乘法对图 2.8 中的曲面进行拟合，求函数：

$f(a_k, b, c) = \sum_{i=1}^{m}\sum_{j=1}^{n}\left[\left(\left(\sum_{k=1}^{l}a_kX^k\right)_i + bY_j + c\right) - Z_{ij}\right]^2$ 的最小值，即求解方程组：

$$\begin{cases} \dfrac{\partial f}{\partial a_i} = 0 \quad (i=1,\cdots,l) \\ \dfrac{\partial f}{\partial b} = 0 \\ \dfrac{\partial f}{\partial c} = 0 \end{cases}$$

得到：

$$\begin{cases} A_1 = a_1 = 0.006\,968\,250\,729\,77 \\ A_2 = a_2 = -0.122\,141\,931\,040\,15 \\ A_3 = a_3 = 0.919\,918\,955\,754\,61 \\ B = b = -0.000\,566\,557\,066\,39 \\ C = c = -2.589\,736\,914\,095\,40 \end{cases} \tag{2.19}$$

将公式(2.19)中的系数值代入式(2.17)，并引入剪切应力的临界值，最终可以得到压力场作用下的滑移速度数学模型为：

$$v_s = \begin{cases} \exp\left(\sum_{k=1}^{3}(A_k\tau^k) + Bp + C\right) & \tau > 1.126\,94\ \text{kPa} \\ 0 & \tau \leqslant 1.126\,94\ \text{kPa} \end{cases} \tag{2.20}$$

图 2.9 即为利用式(2.20)得到的滑移速度与剪切应力及压力场的变化曲面图.

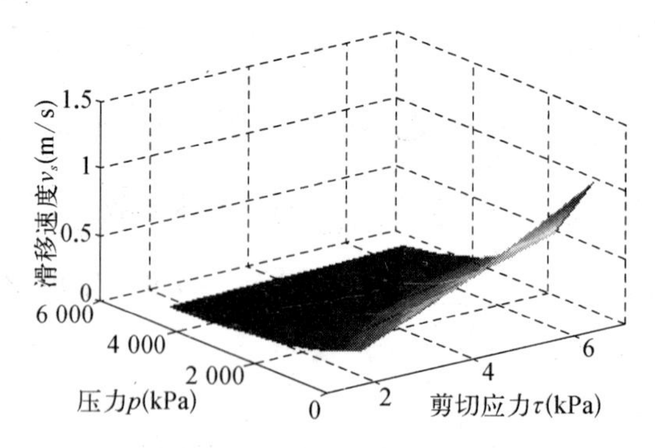

图 2.9　滑移速度拟合曲面图

2.3　本章小结

根据弹性金属塑料瓦推力轴承实际使用过程中的油温现象，并结合其轴瓦表面材料聚四氟乙烯的材料特性，对传统金属瓦分析过程中使用的固液界面无滑移的假设提出了质疑. 从材料的表面能、润湿性等方面证明了在聚四氟乙烯表面润滑油存在界面滑移的可能.

根据油液对固体壁面会产生摩擦力作用的原理，本文制作了一套较为完善的多因素固液界面滑移特性试验装置，可用于进行不同压力、不同转速、油膜厚度等条件下的滑移特性试验. 采用金属和聚四氟乙烯不同材料，分别测试两者的摩擦力矩，通过多组对比试验验证了界面滑移现象的存在.

考察了常压状态下聚四氟乙烯与油液界面上的滑移现象，发现滑移是在剪切应力达到某个临界值后才发生的，并且随着剪切应力的增大而增大. 通过对试验数据曲线的拟合，建立了常压状态下滑移速度与剪切应力之间关系的数学模型.

试验过程中发现压力场作用对金属轴摩擦力矩几乎无影响，但是对聚四氟乙烯轴则有明显影响，因此进一步考察了压力场作用下的边界滑移现象. 试验结果显示滑移作用随着压力的增大而减小. 通过对试验数据曲面的拟合，建立了滑移速度与剪切应力和外界场压力之间关系的数学模型.

上述工作为弹性金属塑料瓦径向滑动轴承的流体润滑理论分析提供了试验依据.

第三章　普通金属瓦径向滑动轴承热弹流分析

3.1　流体润滑力学数值算法的初步研究

在润滑理论研究中，当用有限差分法或有限元法等数值方法解各种微分方程时，首先要将求解区域剖分，然后将偏微分方程离散，导出一组线性或非线性的代数方程组，再用直接或迭代方法去解该方程组.

3.1.1　松弛迭代解法

逐次松弛迭代(OR)法是目前使用较为广泛的一种代数方程组的数值解法，但是用 OR 法求解时，求解精度受到多种因素的影响，因此有必要对其进行更深一步的探讨. 雷诺方程的求解在滑动轴承润滑特性的分析中是个关键的步骤，本文即以此为例展开讨论.

采用五点差分格式将无量纲雷诺方程离散，最终可化为下列线性方程组的求解问题：

$$Ap = b \tag{3.1}$$

由于雷诺方程是非线性的二阶偏微分方程，当采用一步长法离散时，系数矩阵 A 不是对称的，仅当采用半步长格式时，A 矩阵才是对称正定的.

3.1.1.1　OR 法方程求解

按松弛法进行求解，式(3.1)的迭代格式为：

$$P^{(k+1)} = L_{or}P^{(k)} + Q \tag{3.2}$$

其中迭代矩阵为：

$$L_{or}=-\left(\frac{1}{\omega_{or}}D+L\right)^{-1}\left[\left(1-\frac{1}{\omega_{or}}\right)D+U\right] \tag{3.3}$$

D 为主对角阵；L_{or}为下三角阵；U 为上三角阵；ω_{or}为松弛迭代因子，它的选取会影响到结果的精度.

用松弛迭代法求解方程组(3.1)时，迭代收敛的充分必要条件是[107] L_{or}的谱半径小于1 ($\rho(L_{or})<1$).

从控制理论角度来看，对于线性离散系统(3.2)，其稳定判据是状态转移矩阵 L_{or}的特征根都分布在单位圆内[108]. 因此 ω_{or}一般取为0～2，且要求 A 为对称正定矩阵(OR 法是在该基本条件下导出的).

目前大多都采用式(3.4)作为迭代收敛的判据，式中 δ 为精度要求. 与 ω_{or}一样，δ 的选取也会影响到最终求解精度.

$$\frac{\sum_{i=2}^{m-1}\sum_{j=2}^{n-1}\left|P_{i,j}^{(k)}-P_{i,j}^{(k-1)}\right|}{\sum_{i=2}^{m-1}\sum_{j=2}^{n-1}\left|P_{i,j}^{(k)}\right|}\leqslant\delta \tag{3.4}$$

3.1.1.2　OR 算法若干影响因素探讨

为了对算法进行有效的比较，本文采用具有解析解[95]的一维雷诺方程作为算列，设解析解为 Pth，数值解为 P，定义相对误差为：

$$\mathrm{d}tp=\frac{|P-Pth|}{Pth}\times 100\% \tag{3.5}$$

(1) 离散方法对结果的影响

如果按照一步长法建模，其迭代矩阵的特征根是分布在单位圆内的，所得系数矩阵 A 却是非对称的，但由于其主对角元素严格占优，数值试验表明，在该条件下仍可以用 OR 法进行求解. 若按半步长法建模[93]，所得系数矩阵就是对称正定的. 所以在求解时一般宜采用半步长法建模，既能保证收敛，又能提高精度.

如图 3.1 所示，上方的曲面是采用一步长时，在不同网格数 m 及不同 ω_{or} 下的相对误差；下方曲面是采用半步长时的相对误差. 显见，采用半步长时的误差要远小于采用一步长时的误差，因此在计算中推荐采用半步长插值方式.

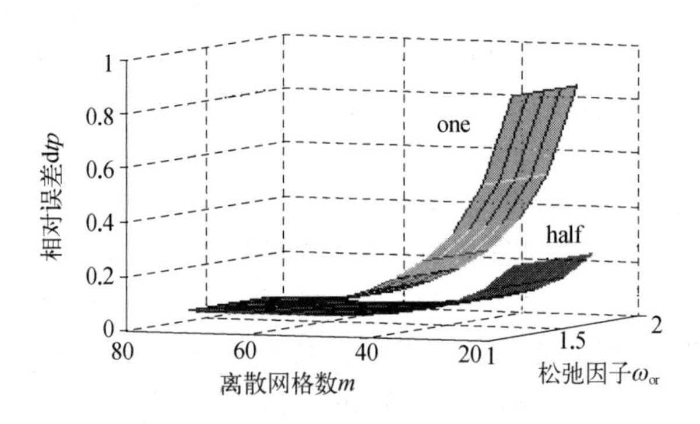

图 3.1　一步长和半步长建模对精度的影响 ($\delta < 10^{-6}$)

(2) ω_{or} 对结果的影响

ω_{or} 的选择在超松弛迭代方法中一直是一个关键的问题，总会存在一个最佳 ω_{orb}，[107] 在保证精度的条件下使得迭代步数最少.

图 3.2 为 $m = 30$ 时，取不同 ω_{or} 时的特征根分布. 只要 $\omega_{or} < 2$，各特征根就都分布在单位圆内的，且各自的谱半径为 $\omega_{or} - 1$，即所有复根都落在半径为 $\omega_{or} - 1$ 的圆上. 由数字控制理论可知[108]，迭代系统是稳定的. 每对复特征根对应有一个阻尼比 ξ，而迭代收敛的快慢(即迭代步数的多少)与 ξ 存在着一定的关系. 当特征根分布在单位圆内的左半侧时，会出现振铃现象，这是不理想的分布；分布在右半侧的特征根，则对应

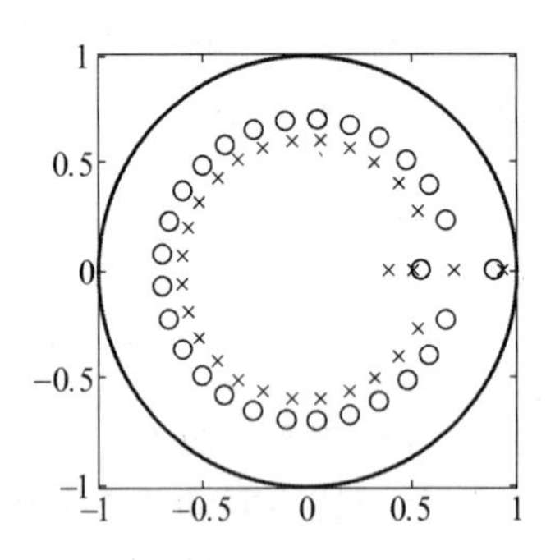

图 3.2　不同 ω_{or} 下迭代矩阵特征根在单位圆内的分布

(o—$\omega_{or} = 1.7$，×—$\omega_{or} = 1.6$)

有较大的阻尼比 ξ.

大量数值试验表明,在不同网格数下,使得迭代步数最少的 ω_{or} 值是不同的. 如图 3.3 所示,随着网格数的增加,使得迭代步数最少的最优 ω_{or} 值是逐渐减小的,但是其数值在 1.58～1.7 的范围.

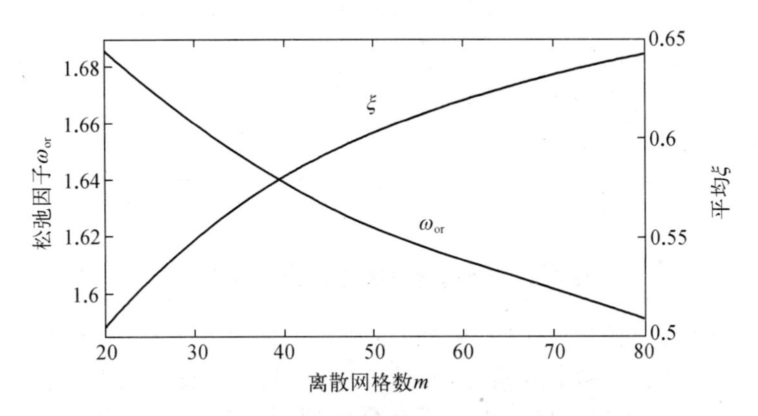

图 3.3 网格数与 ω_{or} 和平均 ξ 关系曲线

在取最优 ω_{or} 时,迭代矩阵所有的复特征根对应着一组 ξ 值,迭代收敛速度是所有 ξ 共同作用的结果,所以可考察最优 ω_{or} 时的平均 ξ 值(图 3.3). 由图可见,当网格数增加时,平均 ξ 值也相应增加. 值得注意的是平均 ξ 值并不等于控制理论中的最佳阻尼比 0.707. 但当平均 ξ 太大或太小时,都将降低收敛速度,这一点是和控制理论中的物理概念相符的(图 3.4, $m = 30$).

通过以上分析,可以看出插值步长及精度判据对 OR 迭代结果的影响. 对于不同网格等情况,其最优 ω_{or} 值是与迭代矩阵的特征根有关的,而这些特征根对应的平均 ξ 值是网格数的指数函数. 在使用五点差分格式,用 OR 法解雷诺方程(非线性二阶偏微分方程)时,可以参考上述结果选取恰当的精度判据 ξ 和松弛因子 ω_{or}.

3.1.2 基于块不完全分解的迭代法

用 OR 法求解线性方程组时,求解精度受到多种因素的影响,

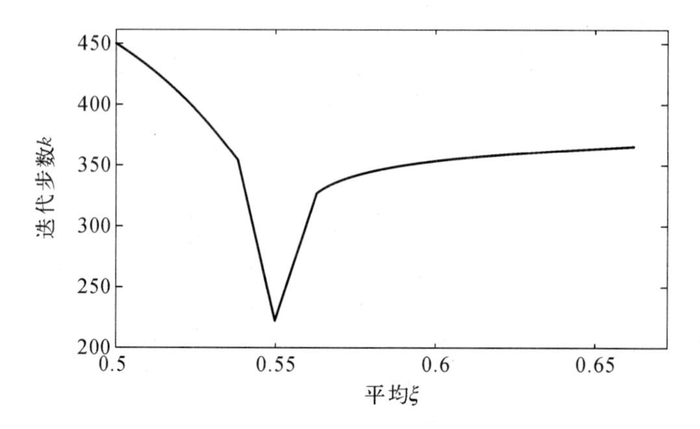

图 3.4　平均 ξ 值与迭代步数 k 关系曲线

如前文讨论到的松弛因子 ω_{or}、精度判据 δ、离散方法等，如果参数选择不当，就会影响求解精度，而且计算时间长. 为此，我们针对基于块不完全分解的迭代法进行研究分析，并与 OR 法进行了比较，提出了基于块不完全分解的快速迭代及共轭梯度法两种新的求解方法.

3.1.2.1　基于块不完全分解的快速迭代(BIF)法

采用五点差分格式对式(3.1)进行离散时，得到的系数矩阵 A 为块三对角阵：

$$A=\begin{pmatrix} B_1 & C_1 & & \\ A_2 & B_2 & C_2 & \\ & \cdots & \cdots & \cdots \\ & & A_m & B_m \end{pmatrix} \tag{3.6}$$

传统的迭代方法的收敛速度和系数矩阵 A 的条件数密切相关，条件数越小，收敛越快. 为此有必要对条件数大的 A 矩阵进行预处理，这是近年来研究的热点. 然而如何选取预处理矩阵，尚无严格的理论依据. 本文采用块不完全分解的方法来导出预处理矩阵. 先将 A 进行近似块三角分解：

$$A \cong M = LU = \begin{pmatrix} S_1 & & & \\ A_2 & \ddots & & \\ & \ddots & \ddots & \\ & & A_m & S_m \end{pmatrix} \begin{pmatrix} I_1 & T_1 & & \\ & \ddots & \ddots & \\ & & \ddots & T_{m-1} \\ & & & I_m \end{pmatrix} =$$

$$\begin{pmatrix} S_1 & C_1 & & & & \\ A_2 & A_2T_1 + S_2 & C_2 & & & \\ & A_3 & \ddots & \ddots & & \\ & & \ddots & \ddots & \ddots & \\ & & & \ddots & \ddots & C_{m-1} \\ & & & & A_m & A_mT_{m-1} + S_m \end{pmatrix} \tag{3.7}$$

令(3.7)式与(3.6)式各元相等,即可解出 L、U 的各子块 S_i 和 T_i:

$$\begin{cases} S_1 = B_1 \\ T_i = S_i^{-1}C_i,\ (i = 1,\ 2,\ \cdots,\ m-1) \\ S_i = B_i - A_iT_{i-1} = B_i - A_iS_{i-1}^{-1}C_{i-1} \end{cases} \tag{3.8}$$

则可得 $S_i^{-1} = (B_i - A_iS_{i-1}^{-1}C_{i-1})^{-1} = (I_i - B_i^{-1}A_iS_{i-1}^{-1}C_{i-1})^{-1}B_i^{-1}$

若 $\| B_i^{-1}A_iS_{i-1}^{-1}C_{i-1} \| < 1$(当 A 矩阵对角占优时总能满足此要求),则上式可作求逆展开:

$$\begin{aligned} S_i^{-1} &= [I_i + (B_i^{-1}A_iS_{i-1}^{-1}C_{i-1}) + (B_i^{-1}A_iS_{i-1}^{-1}C_{i-1})^2 + \cdots]B_i^{-1} \\ &\approx (I_i + B_i^{-1}A_iS_{i-1}^{-1}C_{i-1})B_i^{-1} \\ &\approx B_i^{-1} \end{aligned} \tag{3.9}$$

于是 $S_i^{-1} \approx (I_i + B_i^{-1}A_iB_{i-1}^{-1}C_{i-1})B_i^{-1}$,即:

$$S_i \approx B_i(I_i + B_i^{-1}A_iB_{i-1}^{-1}C_{i-1})^{-1} \tag{3.10}$$

由于上述近似处理,M 中的对角元 $A_iT_{i-1} + S_i \neq B_i$,亦即 $M \neq A$,所

以称 $M=LU$ 为 A 的块不完全分解. 取 $N=M-A$，则(3.1)式可以改写为 $(M-N)p=b$，于是有基于块不完全分解的迭代格式：

$$p^{(k+1)}=M^{-1}Np^{(k)}+M^{-1}b \tag{3.11}$$

考虑到推导(3.9)式时的近似，可引入补偿因子 κ，则式(3.10)改写为：

$$S_i=B_i(I_i+\kappa B_i^{-1}A_iB_{i-1}^{-1}C_{i-1})^{-1} \tag{3.12}$$

κ 选取得适当时，可以提高收敛速度.

3.1.2.2　基于块不完全分解的共轭梯度迭代(BIFCG)法

在采用上述分解方法对系数矩阵 A 进行分解的条件下，也可使用共轭梯度法进行求解，对 $p^{(0)}$，计算 $r^{(0)}=b-Ap^{(0)}$，$z^{(1)}=(M^{\mathrm{T}}M)^{-1}A^{\mathrm{T}}r^{(0)}$，然后对 $k=1,2,\cdots$ 计算：

$$\begin{cases}\tilde{\alpha}_k=((r^{(k-1)})^{\mathrm{T}}A(M^{\mathrm{T}}M)^{-1}A^{\mathrm{T}}r^{(k-1)})/((z^{(k)})^{\mathrm{T}}A^{\mathrm{T}}Az^{(k)})\\ p^{(k)}=p^{(k-1)}+\tilde{\alpha}_kz^{(k)},\ r^{(k)}=r^{(k-1)}-\tilde{\alpha}_kAz^{(k)}\\ \tilde{\beta}_{k+1}=((r^{(k)})^{\mathrm{T}}A(M^{\mathrm{T}}M)^{-1}A^{\mathrm{T}}r^{(k)})/\\ \qquad((r^{(k-1)})^{\mathrm{T}}A(M^{\mathrm{T}}M)^{-1}A^{\mathrm{T}}r^{(k-1)})\\ z^{(k+1)}=(M^{\mathrm{T}}M)^{-1}A^{\mathrm{T}}r^{(k)}+\tilde{\beta}_{k+1}z^{(k)}\end{cases} \tag{3.13}$$

3.1.2.3　系数矩阵特征根分布

BIF 法对(3.1)式中系数矩阵 A 的分解，等效于将(3.1)式处理为：

$$M^{-1}AP=M^{-1}b \tag{3.14}$$

图 3.5 给出了原方程(3.1)和预处理方程(3.14)的系数矩阵 A 和 $M^{-1}A$ 的特征根分布，其中"○"和"×"分别为 A 和 $M^{-1}A$ 的特征根(轴承周向网格点数为 $m=40$，$\kappa=1$).

BIFCG 法中，令 $F=AM^{-1}$，$y=Mx$，则 $F^{\mathrm{T}}F=M^{-\mathrm{T}}A^{\mathrm{T}}AM^{-1}$，于是该式经过预处理可化为：

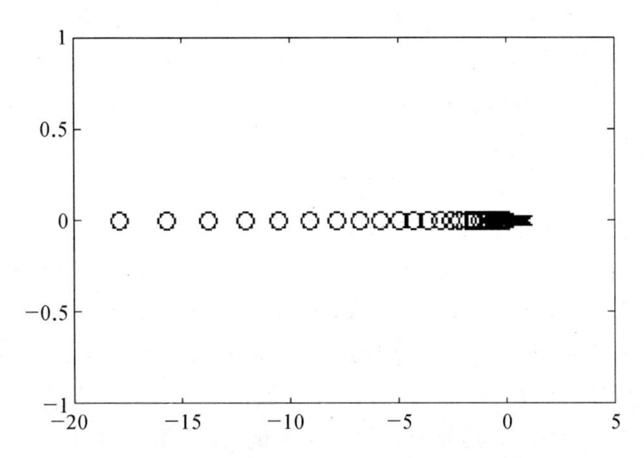

图 3.5 BIF 法系数矩阵 A 和 $M^{-1}A$ 的特征根分布

$$F^{\mathrm{T}}Fy = F^{\mathrm{T}}b \tag{3.15}$$

图 3.6 为原方程(3.1)和预处理方程(3.15)的系数矩阵 A 和 $F^{\mathrm{T}}F$ 的特征根分布,其中"○"和"×"分别为 A 和 $F^{\mathrm{T}}F$ 的特征根(轴承周向网格点数为 $m=20$, $\kappa=1$). 由图可见,A 的特征根分布较散,而 $M^{-1}A$ 和 $F^{\mathrm{T}}F$ 的特征根相当集中.

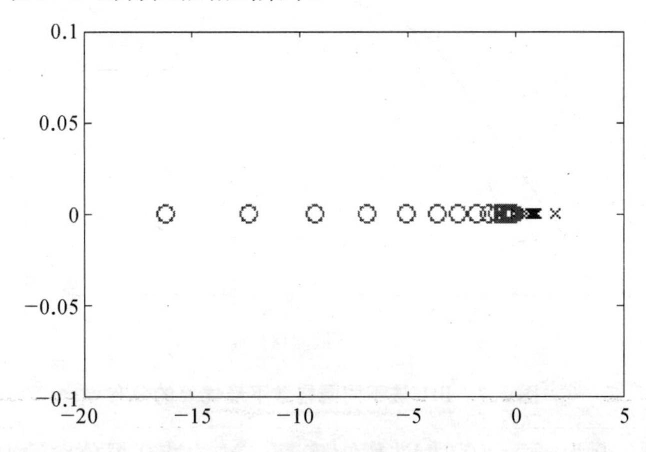

图 3.6 BIFCG 法系数矩阵 A 和 $F^{\mathrm{T}}F$ 的特征根分布

图 3.5 中 A 矩阵条件数为 6 356，$M^{-1}A$ 的条件数为 34.67；图 3.6中 A 矩阵条件数为 137.7，$F^{\mathrm{T}}F$ 的条件数为 30.4. 可见通过对系数矩阵 A 的预处理，方程的求解变得容易了. 随着网格数 m 的增大，这种优越性越为显著.

3.1.2.4　补偿因子 κ 的选取

补偿因子 κ 的选取在块不完全分解迭代算法中也是一个关键的问题，如果选择得当，收敛速度要比 $\kappa=1$ 时快几倍. 大量的数值试验表明，在不同网格数下，使得迭代步数最少的 κ 值是不同的.

图 3.7 和图 3.8 分别为 BIF 法和 BIFCG 法最优 κ 的取值. 如图所示，随着网格数的增加，使得迭代步数最少的最优 κ 值是逐渐增大的. 但是对于 BIF 法其数值总是小于 3 的. 当大于 3 后，迭代方程就不收敛了. 而 BIFCG 法中其数值总是小于 4 的. 当大于 4 后，迭代方程虽然仍能收敛，但是求解的相对误差会大大增加. 在 OR 算法中，松弛因子 ω_{or} 的最大值为 2，而且 OR 法中随着网格数的增加，使得迭代步数最少的最优 ω_{or} 值是逐渐减小的.

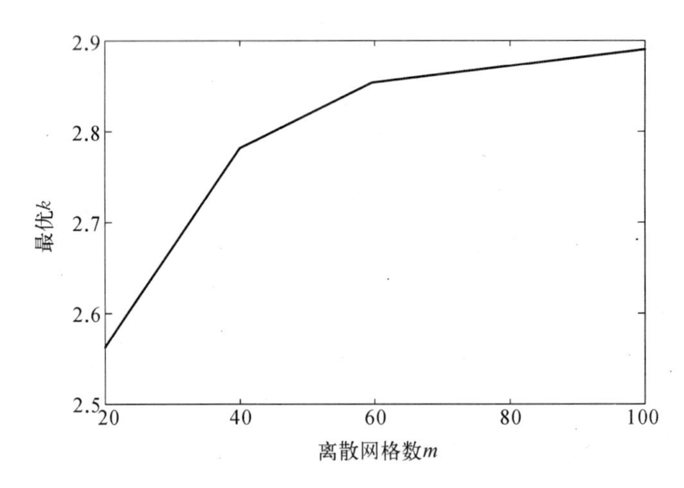

图 3.7　BIF 法不同网格数下最优 κ 的分布

图 3.9 为 $m=40$ 时，迭代矩阵 $M^{-1}N$ 的特征根分布情况. 其中

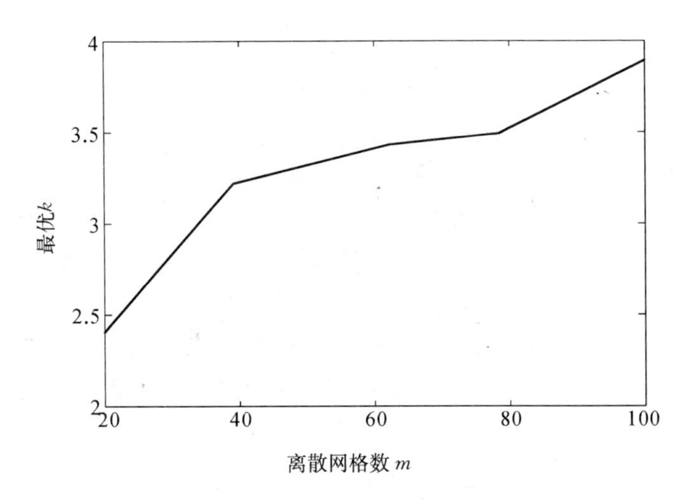

图 3.8 BIFCG 法不同网格数下最优 κ 的分布

图 a 为最优 $\kappa=2.78$ 的情况，图 b 为 $\kappa=1$ 的情况. 取最优 κ 时，靠近零点的特征根显然要比 $\kappa=1$ 时的多. 从控制理论角度看，越快的极点在单位圆内对应的圆半径越小，亦即越靠近(0, 0)点的根收敛越快. 因此 $\kappa=2.78$ 时的收敛速度要比 $\kappa=1$ 时快得多. 引进补偿因子 κ，对加速迭代过程十分有用.

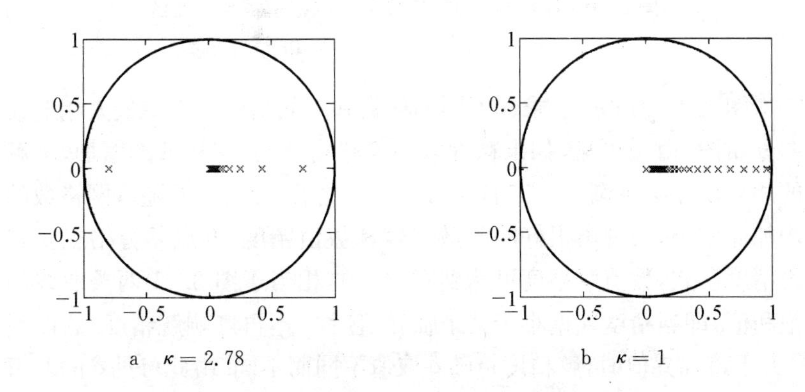

a $\kappa=2.78$　　b $\kappa=1$

图 3.9 不同 κ 时 BIF 法迭代矩阵 $M^{-1}N$ 的特征根分布

3.1.3 OR 及块不完全分解算法比较

3.1.3.1 精度要求 δ 对结果的影响

相对误差判据 δ 的选取对计算结果的精确性也有很大的影响，特别是剖分网格数与 δ 有无联系值得探讨，为此进行了大量的数值仿真. 图 3.10 为采用 OR 法求解 $\delta = 10^{-3}$ 时，不同网格数下的无量纲压力 P 的数值解与理论解. 由图可见，随着网格数的增加，数值解反而偏离解析解更大，可见精度判据 δ 的选择不当. 尽管 OR 法能收敛，但给出的却不是准确的数值解. 在二维问题中，也存在着这样的情况，所以在没有解析解的情况下，数值解的准确性就值得验证了.

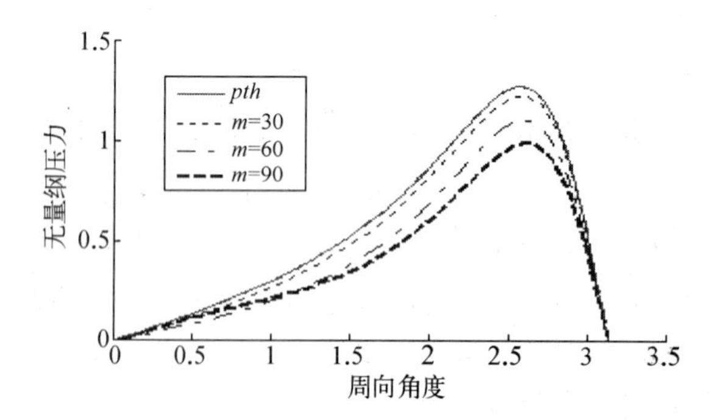

图 3.10 OR 法不同网格数下 P 的数值解与理论解

($\varepsilon = 0.7$, $\omega_{or} = 1.58$, $\delta = 10^{-3}$)

图 3.11 为 OR 法求解不同网格数和不同精度要求下最大相对误差分布图. 由图可见，如果精度取的不够高，随着网格数的增加，求解的相对误差会逐渐增大. 当 $\delta < 5 \times 10^{-6}$ 之后，相对误差随着网格数的增加而减小，表现出很好的收敛特性和数值精度. 五点差分格式是二阶精度格式，数值解精度可达到 $O(\Delta x^2)$，相当于图 3.11 两条曲线的饱和值，即当精度判据小于某个临界值后，δ 不再影响解精度. 然而当 δ 大于该临界值时，解精度将随 δ 取值不同而不同. 由此可见 δ 的取值是与离散步长 Δx(网格数 m)有关的，而不是一个唯一值. 数值试验表

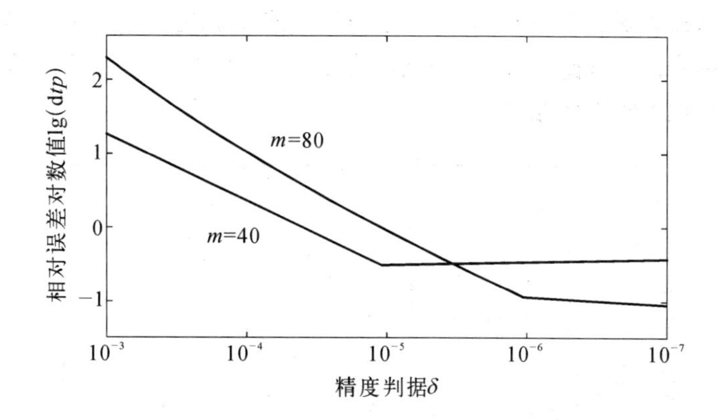

图 3.11 OR 法不同精度判据下的相对误差分布

($\varepsilon = 0.7$, $\omega_{or} = 1.6$)

明恰当的δ值至少要比Δx^2小两个数量级.

同 OR 方法一样,δ的选取也会影响块不完全分解迭代法的求解精度. 图 3.12 为 BIF 法不同精度判据δ下,相对误差 dtp 与网格数的变化规律($\kappa = 2.8$). 由图可见,$\delta = 10^{-3}$时,随着网格数的增大,求解的相对误差 dtp 会出现突变,当$\delta < 10^{-5}$之后,相对误差随着网格数的增加而减小.

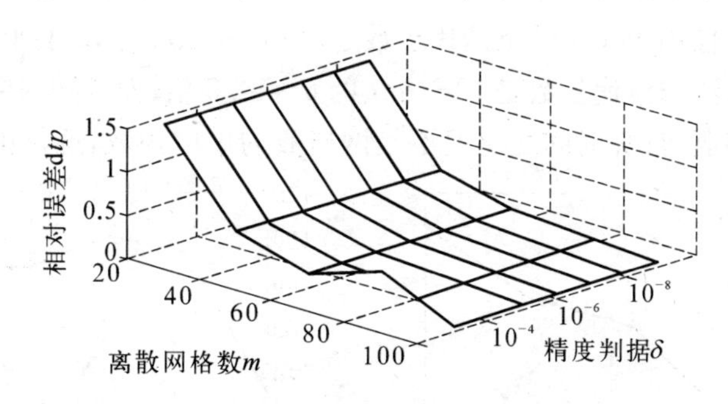

图 3.12 BIF 法不同精度判据下的相对误差分布

图 3.13 为 BIFCG 法不同精度判据δ下,相对误差 dtp 与网格数的变化规律($\kappa = 3.4$). 可见,当$\delta \leqslant 10^{-4}$时,随着网格数的增加,求解

的相对误差就会逐渐减小了，δ不再影响求解精度. 正是由于BIFCG方法的δ值可以比OR法的δ取的相对大一些，所以该方法的迭代步数也会比OR法少很多.

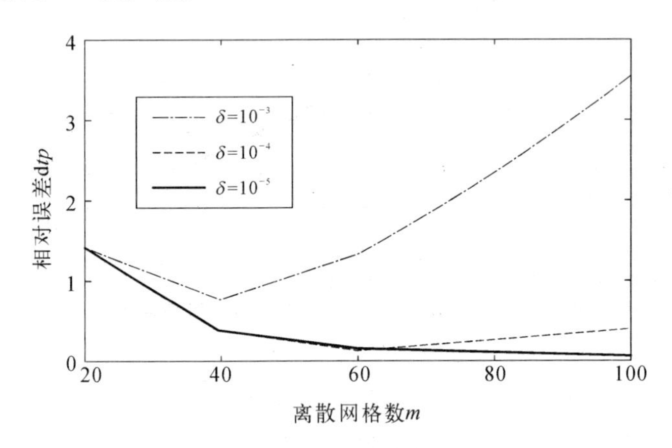

图 3.13　BIFCG 法不同精度判据下的相对误差分布

3.1.3.2　迭代步数及计算时间比较

一个好的算法，不仅要求迭代步数少，而且要求运算时间短，图3.14为不同网格数时，OR法和BIF法分别在各自最优松弛因子ω_{or}和最优补偿因子κ条件下迭代步数之比kk和cpu计算时间之比tk. 可见OR法的迭代步数是BIF方法的6～14.5倍，而且随网格数增加效果更显著. 计算时间之比值不是网格数的单增函数，这是由于网格

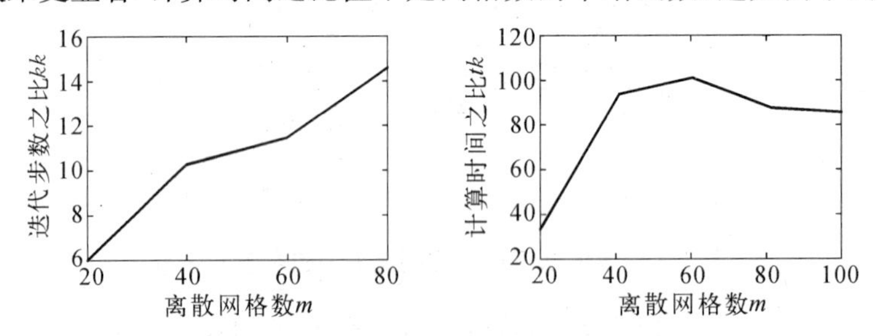

图 3.14　不同网格数下 OR 法与 BIF 法迭代步数和计算时间之比

数增大后，块不完全分解矩阵耗时增加，因此尽管迭代步数之比值是单增的，但 cpu 时间比值当网格数增大到一定数值之后，反而会有所下降，但依然保持在 80 以上，即 BIF 算法要比 OR 法快 80 倍以上，可见是一种十分有效的快速算法.

图 3.15 为不同网格数时，OR 法和 BIFCG 法分别在各自最优松弛因子 ω_{or} 和最优补偿因子 κ 条件下迭代步数之比 kk 和 cpu 计算时间之比 tk. 由图可见 OR 法的迭代步数甚至可以达到 BIFCG 方法的几百倍，这也是与该方法精度判据 δ 可以选取的相对较大有关. 而同样受到矩阵分解耗时的影响，随着网格数的增加，计算时间之比也不是单调递增的.

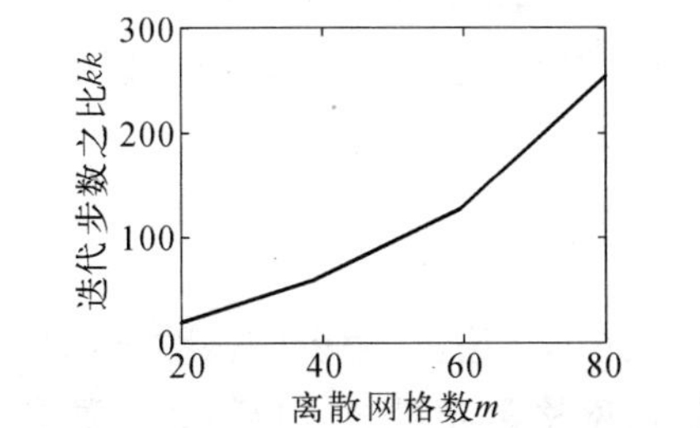

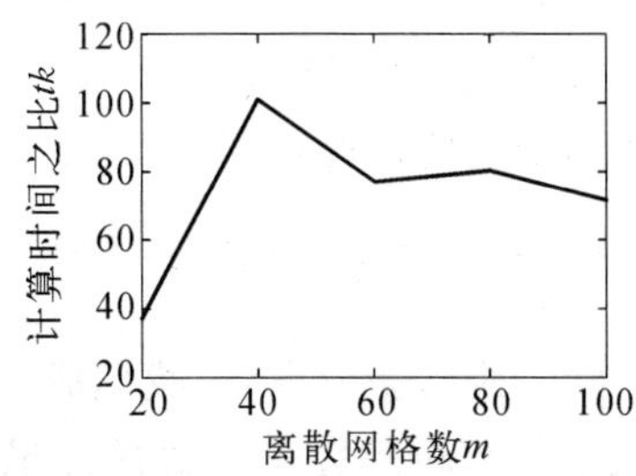

图 3.15 不同网格数下 OR 法与 BIFCG 法迭代步数和计算时间之比

图 3.16 为 BIFCG 法在迭代过程中周向各点的残差的分布情况

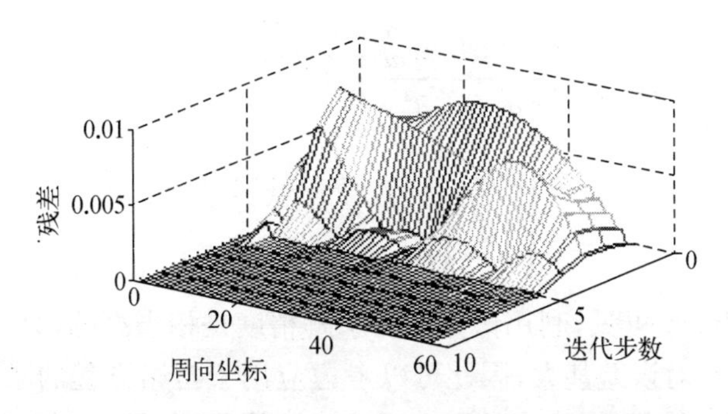

图 3.16 BIFCG 法迭代过程中周向各点残差分布

(κ 为最优值时). 从图中可以看到,在迭代到第 5 步时,各点的残差已经相当小,但因为此时精度判据 δ 还未满足要求,所以迭代继续. 到第 10 步时,δ 的要求满足,迭代结束,而此时的残差值已经非常小,可见本算法迭代精度高而且迭代步数少.

OR 法中迭代矩阵的特征根也是分布在单位圆内,但是由于存在许多欠阻尼的复根,因此增加了迭代过程中的数值振荡,从而使迭代步数增加. 块不完全分解迭代算法中,迭代矩阵 $M^{-1}N$ 和 $F^{\mathrm{T}}F$ 的特征根全为实根,且大都是集中在单位圆原点附近,具有单调快速收敛的特性.

数值试验表明基于块不完全分解的迭代方法在迭代步数及计算时间上要比 OR 法优越很多,是一种有价值的快速算法. 此外,由于采用块处理技术,因此不仅适用于三对角阵,且对于五对角阵、七对角阵等非对称阵同样适用.

3.1.4　DQ 法和谱方法

对一维常微分方程,我们成功应用 DQ 法,在较少网格数下即达到几乎与解析解完全一致的结果,但网格数超过 20 以后,条件数急增,估计对 3D 分析中会有困难,宜作进一步探索.

我们还利用谱方法求解了方程(3.16). 取网格为 6×6,与解析解的比较见表 3.

$$\begin{cases}\dfrac{\partial^2 u}{\partial^2 x}+\dfrac{\partial^2 u}{\partial^2 y}=0\\[2mm] u(x,\ \pm 1)=\cos\left(\dfrac{\pi x}{2}\right)\\[2mm] u(\pm 1,\ y)=0\end{cases}\tag{3.16}$$

由表 3.1 可见,利用谱方法的求解精度是相当高的,只是在边界(1, 1)处相对误差甚大,因此可以考虑应用于雷诺方程的求解. 但是求解过程较为繁琐,还未编制出通用的计算程序. 另外方程(3.16)是二维常系数偏微分方程，而雷诺方程为变系数微分方程，这些都将对谱方法的应用带来不小的困难，宜在今后再作进一步研究.

表 3.1　谱方法求解误差

x	y	绝对误差	相对误差
0	0	9.12e−4	0.23
0.5	0.5	2.28e−4	0.06
0.9	0.9	1.20e−4	0.09
1	1	1.05e−16	1.72e2

3.1.5　压力初值的选用

一般的雷诺方程在迭代求解压力时，都是假定压力初值为零. 2000 年 Rao[48]提出一种由无限长和无限短轴承解析解表示的有限长轴承压力算式(3.17)，其中 $p_{短}$、$p_{长}$分别为无限短、无限长轴承压力分布的解析解.

$$\frac{1}{p}=\frac{1}{p_{短}}+\frac{1}{p_{长}} \tag{3.17}$$

本文将这一方程成功应用到雷诺方程的求解中，即将(3.17)式中的 p 值作为压力迭代计算的初值，经数值实验发现，当网格为 40×7 时，原 OR 法的迭代步数为 175，使用初值后减少为 91；网格数为 40×11 时，迭代步数由 224 减少为 116.

对于微分方程的求解方法特别是雷诺方程的求解方法有很多种，以上本文的分析仅仅是对某种方法进行了初步的探讨.

3.2　热弹流研究的内容和假设

本文研究的径向滑动轴承的润滑状态是流体动压润滑，它是依靠被润滑的一对固体摩擦面间的相对运动，使介于固体间的润滑流体膜内产生压力，以承受外载荷，避免固体相互接触，从而起到减少摩擦阻力和保护固体表面的作用. 由于润滑油的粘度使油质点在运动中不断消耗由轴颈提供的机械功，这种摩擦功转变为热，使油质点的温度升高，造成油膜中不均匀分布的温度场. 除了油质点流动带走了一部分热量外，油还将热量直接传递给轴颈和轴承，再经由转子和轴承传到周围介质. 如果轴承载荷和速度以及供油条件不变，则轴承起动一段时间后，摩擦发热与油流带热和传导散热达到平衡，温度场即稳定下来. 因为油的粘度随温度升高而急剧降低，可以想象，存在不均匀温度场的同时，必存在不均匀粘度场. 早期对流体动压润滑分析多采用等粘流体润滑计算忽略润滑膜温度场对粘度的影响，这种分析只适用于极轻载荷和极低速度的场合，而对于大多数情况，润滑油粘度变化对径向滑动轴承性能参数影响很大，油膜生成的热量主要是沿膜厚方向传递给予相邻的固体，因此温度沿膜厚方向的变化是不可忽略的因素. 又由于润滑油粘度是温度的函数，在热弹流计算中就必须考虑沿膜厚方向上粘度和密度的变化，特别是粘度的变化. 本文采用了 Dowson 提出的考虑粘度沿膜厚方向变化的广义 Reynolds 方程[8].

分析中引入如下假设：

(1) 与油膜相邻的固体表面曲率半径远大于油膜厚度，因而可以忽略由表面曲率引起的速度方向的变化；

(2) 流体在固液界面上无滑移，即附着于界面上的油层速度与固体表面速度相同；

(3) 由于油膜厚度甚薄，可以认为油膜厚度方向压力保持不变；

(4) 与粘性剪切力相比，油膜受到的惯性力和其他体积力可以忽略不计；

(5) 润滑油为牛顿流体，遵守牛顿剪切定律；

(6) 流动为层流，油膜中不存在涡流和湍流；

(7) 无须计入承载润滑油的密度、比热、导热系数以及轴瓦材料的参数随温度、压力在油膜区内的变化.

3.3 热弹流数学模型

径向滑动轴承热弹流数学模型主要包括广义雷诺方程、三维能量方程、固体热传导方程、油膜厚度方程、偏位角的确定和温粘关系等.

3.3.1 油膜厚度方程

径向滑动轴承的圆柱轴承是属于单油叶轴承，现以 h_{max} 处作为角坐标 Φ 的参考点(见图 3.17)，则当轴颈轴线与轴承轴线平行时，考虑到半径间隙 c 远小于轴颈半径 R，略去微小误差后，膜厚的表达式为：

$$h \approx c + e\cos\varphi \tag{3.18}$$

若以 $\Phi = 0$ 处，即进油口处作为起始点，则式(3.18)应改写为：

$$h \approx c + e\cos(\Phi - \theta) \tag{3.19}$$

式中 e 为偏心距；Φ 为由轴承上方垂线计量的角度；θ 为偏位角.

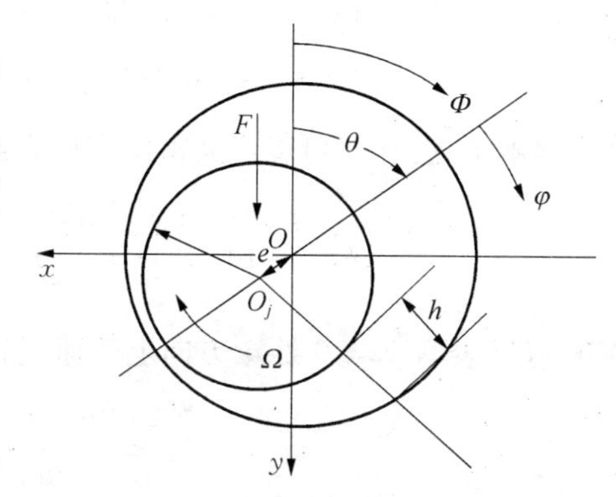

图 3.17 圆柱轴承的几何关系

3.3.2 广义雷诺方程和三维速度分布

广义雷诺方程中将润滑油粘度 μ 作为变量，同时规定 x 方向为轴承周向展开面的方向，y 代表垂直于润滑膜的坐标方向，而 z 方向是轴瓦宽度方向. u、v、w 分别表示 x、y、z 方向上的速度分量.

对于定常、不可压缩流体连续方程为：

$$\frac{\partial u}{\partial x}+\frac{\partial v}{\partial y}+\frac{\partial w}{\partial z}=0 \tag{3.20}$$

动量方程为：

$$\begin{cases}\dfrac{\partial p}{\partial x}=\dfrac{\partial}{\partial y}\left(\mu\dfrac{\partial u}{\partial y}\right)\\ \dfrac{\partial p}{\partial y}=0\\ \dfrac{\partial p}{\partial z}=\dfrac{\partial}{\partial y}\left(\mu\dfrac{\partial w}{\partial y}\right)\end{cases} \tag{3.21}$$

取速度边界条件为：

$$\begin{cases}y=0, \quad u=U_0, \quad v=w=0\\ y=h, \quad u=0, \quad v=w=0\end{cases} \tag{3.22}$$

联立求解上述三式，可得广义雷诺方程为：

$$\frac{\partial}{\partial x}\left(F_2\frac{\partial p}{\partial x}\right)+\frac{\partial}{\partial z}\left(F_2\frac{\partial p}{\partial z}\right)=U_0\frac{\partial}{\partial x}\left(\frac{F_1}{F_0}\right) \tag{3.23}$$

式中：U_0 表示 $y=0$ 处 x 方向上的速度分量；

$$F_0=\int_0^h\frac{\mathrm{d}\xi}{\mu}$$

$$F_1=\int_0^h\frac{\xi\mathrm{d}\xi}{\mu}=\frac{F_1}{F_0}F_0=y_mF_0$$

$$F_2=\int_0^h\frac{y(y-y_m)\mathrm{d}\xi}{\mu}$$

为了便于计算机进行运算，对方程无量纲化. 定义进油口轴颈表面二分之一轴承宽处为坐标原点，同时规定：$x=R\Phi$，$0\leqslant\Phi\leqslant 2\pi$；

$h = cH$；$y = hY = cHY$，$0 \leqslant Y \leqslant 1$；$z = \frac{L}{2}\bar{z}$，$-1 \leqslant \bar{z} \leqslant -1$；$u = \omega_0 RU$；$v = \omega_0 RV$；$w = \omega_0 RW$；$\mu = \mu_0 \bar{\mu}$；$p = p_0 P$；$p_0 = \frac{\omega_0 R^2 \mu_0}{c^2}$；$F_0 = \frac{cH}{\mu_0}\overline{F_0}$；$F_1 = \frac{c^2 H^2}{\mu_0}\overline{F_1}$；$F_2 = \frac{c^3 H^3}{\mu_0}\overline{F_2}$

可得无量纲雷诺方程为

$$\frac{\partial}{\partial \Phi}\left(H^3 \overline{F_2} \frac{\partial P}{\partial \Phi}\right) + \left(\frac{D}{L}\right)^2 \frac{\partial}{\partial \bar{z}}\left(H^3 \overline{F_2} \frac{\partial P}{\partial \bar{z}}\right) = \frac{\partial}{\partial \Phi}\left[H \frac{\overline{F_1}}{\overline{F_0}}\right] \tag{3.24}$$

压力边界条件为：

两端面上压力边界条件，$\bar{z} = \pm 1$，$P = 0$

周期性连续压力边界条件，$P|_{\Phi=0} = P|_{\Phi=2\pi}$

油膜破裂边界条件，$P = 0$，且 $\frac{\partial P}{\partial \Phi} = 0$

无量纲油膜厚度方程为：

$$H = 1 + \varepsilon\cos(\Phi - \theta) \tag{3.25}$$

式中 ε 为偏心率，$\varepsilon = e/c$.

x，y 和 z 方向上的速度分量可以表达成：

$$U = H^2 \frac{\partial P}{\partial \Phi}\int_0^Y \frac{Y - Y_m}{\bar{\mu}} \mathrm{d}Y - \frac{1}{\overline{F_0}}\int_0^Y \frac{\mathrm{d}Y}{\bar{\mu}} + 1 \tag{3.26}$$

$$V = -\frac{cH}{r}\int_0^Y \left(\frac{\partial U}{\partial \Phi} + \frac{D}{L}\frac{\partial W}{\partial \bar{z}}\right)\mathrm{d}Y \tag{3.27}$$

$$W = H^2 \frac{\partial P}{\partial \bar{z}} \frac{D}{L}\int_0^Y \frac{Y - Y_m}{\bar{\mu}} \mathrm{d}Y \tag{3.28}$$

3.3.3 三维能量方程

在润滑过程中，油膜受到粘性剪切和压缩作用而发热，造成油膜温度升高.同时,所产生的热量通过对流和传导而散失.这样,润滑油膜的温度场就需要根据能量方程和油膜温度边界条件来确定.假设润滑油处于热稳定状态各物理量不随时间而变化,润滑油的密度 ρ_F、比热 c_F 和热传导系数 k_F 为常量,忽略速度导数的微小量后,柱坐标形式能量方程可简化为:

$$\rho_F c_F\left(\frac{u}{r}\frac{\partial T}{\partial \Phi}+v\frac{\partial T}{\partial r}+w\frac{\partial T}{\partial z}\right)=k_F\left(\frac{1}{r^2}\frac{\partial^2 T}{\partial \Phi^2}+\frac{\partial}{r\partial r}\left(r\frac{\partial T}{\partial r}\right)+\frac{\partial^2 T}{\partial z^2}\right)+\mu\left[\left(\frac{\partial u}{\partial r}\right)^2+\left(\frac{\partial w}{\partial r}\right)^2\right] \tag{3.29}$$

进行无量纲化,取 $T=T_0\overline{T}$, T_0 为入口油温,r 为油膜厚度方向坐标,得到三维能量方程的无量纲柱坐标形式为:

$$\bar{u}\frac{\partial \overline{T}}{\partial \Phi}+\frac{R}{cH}\bar{v}\frac{\partial \overline{T}}{\partial \bar{r}}+\frac{D}{L}\bar{w}\frac{\partial \overline{T}}{\partial \bar{z}}=\frac{k_F}{\rho_F c_F \omega_0 R^2}\left(\frac{\partial^2 \overline{T}}{\partial \Phi^2}+\left(\frac{R}{cH}\right)^2\frac{\partial^2 \overline{T}}{\partial \bar{r}^2}+\frac{R}{cH}\frac{\partial \overline{T}}{\partial \bar{r}}+\left(\frac{D}{L}\right)^2\frac{\partial^2 \overline{T}}{\partial \bar{z}^2}\right)+\frac{\mu_0\omega_0 R^2}{\rho_F c_F T_0 c^2}\frac{\bar{\mu}}{H^2}\left[\left(\frac{\partial \bar{u}}{\partial \bar{r}}\right)^2+\left(\frac{\partial \bar{w}}{\partial \bar{r}}\right)^2\right] \tag{3.30}$$

其中 $\bar{r}=\dfrac{r-R}{cH},\ 0\leqslant \bar{r}\leqslant 1$

能量方程的温度边界条件为:

(1) 油膜周期性温度边界条件

$$T\big|_{\Phi=0}=T\big|_{\Phi=2\pi}$$

(2) 油膜与轴瓦界面保持热流连续

$$k_F\frac{\partial T}{\partial r}\bigg|_{r=R_2}=k_m\frac{\partial T_m}{\partial r_m}\bigg|_{r_m=R_2}$$

其中 T_m 为轴瓦温度，k_m 是轴瓦的热传导系数，R_2 是轴瓦内径，r_m 是轴瓦径向坐标.

(3) 对定常温度场，假设轴颈与油膜间无热量传递

$$\int_0^{2\pi} k_F \frac{\partial T}{\partial r}\bigg|_{r=R} \mathrm{d}\Phi \approx 0$$

(4) 油膜的端泄边可认为是液体与空气的对流换热

$$k_F \frac{\partial T}{\partial z}\bigg|_{z=\frac{L}{2}} = h_a(T - T_a)$$

$$k_F \frac{\partial T}{\partial z}\bigg|_{z=-\frac{L}{2}} = h_a(T_a - T)$$

其中 h_a 为换热系数，T_a 为环境温度.

(5) 油膜入口处存在混油现象，新补充的冷油流量 Q_s 与热油流入的流量 Q_r 之和等于润滑油膜入口区流入的流量 Q_{in}，根据热量平衡，可得冷热油混合后的温度为：

$$T_{\text{in}} = \frac{Q_s T_0 + Q_r T_r}{Q_{\text{in}}}$$

T_r 为热油携带的温度.

3.3.4 三维固体热传导方程

求解润滑油膜的能量方程时，需要根据轴瓦的热传导情况来确定油膜与轴瓦界面上的热边界条件，从而解得轴瓦的温度分布. 无内热源、热稳定状态下的轴瓦的柱坐标形式热传导方程为：

$$\frac{1}{r_m^2}\frac{\partial^2 T_m}{\partial \Phi^2} + \frac{1}{r_m}\frac{\partial T_m}{\partial r_m} + \frac{\partial^2 T_m}{\partial r_m^2} + \frac{\partial^2 T_m}{\partial z^2} = 0 \tag{3.31}$$

对热传导方程进行无量纲化：$T_m = T_0 \overline{T_m}$，$r_m = R\overline{r_m}$

得到：

$$\frac{1}{\overline{r_m}^2}\frac{\partial^2\overline{T_m}}{\partial\Phi^2}+\frac{1}{\overline{r_m}}\frac{\partial\overline{T_m}}{\partial\overline{r_m}}+\frac{\partial^2\overline{T_m}}{\partial\overline{r_m}^2}+\left(\frac{D}{L}\right)^2\frac{\partial^2\overline{T_m}}{\partial\overline{z}^2}=0 \qquad (3.32)$$

轴瓦热传导方程的温度边界条件为：

（1）轴瓦的周期性连续温度边界条件

$$T_m\big|_{\Phi=0}=T_m\big|_{\Phi=2\pi}$$

（2）轴瓦与油膜界面保持热流连续

$$k_m\frac{\partial T_m}{\partial r_m}\bigg|_{r_m=R_2}=k_F\frac{\partial T}{\partial r}\bigg|_{r=R_2}$$

（3）轴瓦的外表面可认为是固体与空气的对流换热

$$k_m\frac{\partial T_m}{\partial r_m}\bigg|_{r_m=R_3}=h_a(T_a-T_m)$$

其中 R_3 为轴瓦外径.

（4）轴瓦的端面可认为是固体与空气的对流换热

$$k_m\frac{\partial T_m}{\partial z}\bigg|_{z=\frac{L}{2}}=h_a(T_m-T_a)$$

$$k_m\frac{\partial T_m}{\partial z}\bigg|_{z=-\frac{L}{2}}=h_a(T_a-T_m)$$

3.3.5 润滑油温粘关系

润滑油的温粘关系是研究润滑问题中热效应的基础，温度的升高会导致粘度下降. 本文采用 Reynolds 提出的温粘关系式[94]：

$$\mu=\mu_0 e^{-\beta(T-T_0)} \qquad (3.33)$$

式中 μ_0 为温度 T_0 下的粘度，β 为温粘系数.

3.3.6 油膜合力和偏位角计算

径向滑动轴承中外载荷的方向通常是垂直向下的. 因此与其相对应的油膜合力应该垂直向上,即满足水平方向合力 F_h 和垂直方向上合力 F_v 的比值近似为零. 对于一般问题,这个要求通常可以表示为[93]:

$$\left|\frac{\overline{F_h}}{\overline{F_v}}\right| = \left|\frac{\int_0^{2\pi}\left(\int_{-1}^{1} P\,\mathrm{d}\bar{z}\right)\sin\Phi\,\mathrm{d}\Phi}{\int_0^{2\pi}\left(\int_{-1}^{1} P\,\mathrm{d}\bar{z}\right)\cos\Phi\,\mathrm{d}\Phi}\right| \leqslant 4\times 10^{-3} \tag{3.34}$$

在计算偏位角 θ 时,先设定一初始值,然后通过计算 F_h 和 F_v 来判断是否满足式(3.34). 如果条件不满足,修改 θ 后重新计算 F_h 和 F_v. 对于径向滑动轴承,可以用如下方法来修改 θ 值:

$$\theta_{\mathrm{new}} = \theta_{\mathrm{old}} - \alpha \cdot \mathrm{arctg}\left(\frac{\overline{F_h}}{\overline{F_v}}\right) \tag{3.35}$$

式中 α 为加速收敛修正因子,满足 $0 \leqslant \alpha \leqslant 1$.

其他静态参数的求解可参见相关文献.

3.4 数值计算

3.4.1 求解过程

径向滑动轴承的热弹流分析即要联立求解上述各方程组. 在实际计算中,通常采用数值计算方法来联立求解广义 Reynolds 方程、三维能量方程和热传导方程. 求解这些偏微分方程可以采用有限差分法、有限单元法和边界元法. 其中有限差分法运用灵活,形式简单,能够用较少的计算时间来获得很好的计算结果,特别是对于收敛条件非常复杂的 Reynolds 方程和能量方程等一类流体力学领域内的问题,该方法具有收敛快,结果佳的特点. 有限单元法适合于求解结构复杂同时边界情况复杂的问题. 边界元法较难求解粘性流体问题. 根据这些方法的特点，并考虑到本文求解的径向滑动轴承结构较为简单，边界条件也较为清晰，因此结合求解的实际情况，本文采用有限差分法求解上述微分方程.

通常求解按照以下步骤进行：

(1) 定义轴承结构参数，并给定初始压力场 p、温度场 T、粘度分布 μ 和偏位角 θ.

(2) 将初始值代入 Reynolds 方程，解出压力分布 p.

(3) 由压力场分布求解油膜合力，判断是否满足式(3.34)，如果不满足，则按照式(3.35)修改 θ，重新计算步骤(2)直到满足油膜合力方向垂直向上的条件.

(4) 求解温度场 T，及其对应的粘度分布.

(5) 判断是否满足 p 和 T 的收敛准则，收敛条件不能满足时则进行第二轮迭代，直至满足为止.

本文压力场求解的收敛准则取为：

$$\frac{\sum_{k=2}^{mz-1}\sum_{i=2}^{mx-1}\left|P_{i,k}^{(n)}-P_{i,k}^{(n-1)}\right|}{\sum_{k=2}^{mz-1}\sum_{i=2}^{mx-1}\left|P_{i,k}^{(n)}\right|}\leqslant 10^{-5} \tag{3.36}$$

温度场求解的收敛准则取为：

$$\frac{\sum_{k=2}^{mz-1}\sum_{j=2}^{my-1}\sum_{i=2}^{mx-1}\left|\overline{T}_{i,j,k}^{(n)}-\overline{T}_{i,j,k}^{(n-1)}\right|}{\sum_{k=2}^{mz-1}\sum_{j=2}^{my-1}\sum_{i=2}^{mx-1}\left|\overline{T}_{i,j,k}^{(n)}\right|}\leqslant 10^{-5} \tag{3.37}$$

式中 mx、my 和 mz 分别表示求解域在 x、y 和 z 方向上的离散节点数目.

3.4.2 实际算例

国外文献[14]对径向滑动轴承的润滑性能进行了实验及理论分

析,文中给出了多种工况下的结果,现对其中的几种情况进行对比.具体参数见表 3.2.

表 3.2 文献[14]的轴承结构和工况参数

轴承结构和工况参数 径隙比 ψ	Case1 0.002 22	Case2 0.001 57	Case3 0.001 01	单位
轴承直径 D		100		mm
轴承宽度 L		70		mm
轴瓦厚度 B		20		mm
轴颈转速 ω		2 250		r/min
轴瓦热传导系数 k_m		40		W/m·K
润滑油型号		No. 90 turbine oil		
润滑油密度 ρ_F		859		kg/m^3
润滑油热传导系数 k_F		0.131		W/m·K
润滑油比热 c_F		1 950		J/kg·K
40℃时润滑油动力粘度 μ		0.019 2		Pa·s
换热系数 h_a		58.15		W/m^2·K
外载荷 W		3 920		N
入口油温 T_0		40		℃
环境温度 T_a		22.5		℃

图 3.18 是文献[14]中给出的滑动轴承轴向中截面处油膜与轴瓦接触面上的周向温度分布情况. 其中各个离散点数据为作者实验测试结果,连续曲线为理论仿真结果. 图中显示随着径隙比的减小,整个周向位置的温度都有明显的升高,并且轴瓦最高温度和最小油膜厚度位置的变化方向都与轴承旋转方向相反. 而轴瓦最高温度位置的变化率要大于最小油膜厚度位置的变化率. 随着径隙比的减小,轴瓦温度最高点沿周向由下游边向上游边移动.

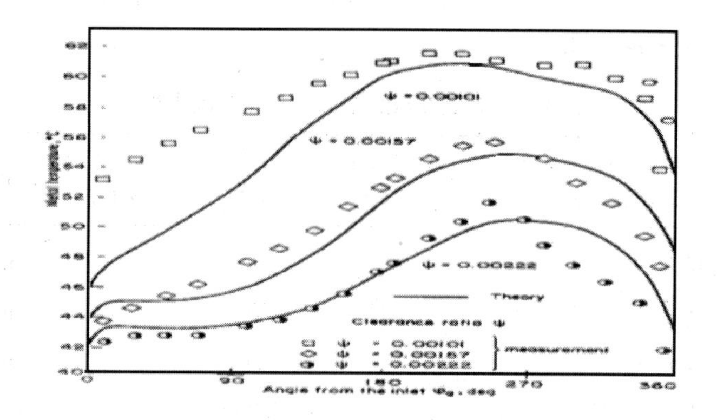

图 3.18　文献[14]中油膜与轴瓦接触面周向温度的测试及仿真结果

图 3.19 是本文计算的三种工况下的轴承轴向中截面处油膜与轴瓦接触面上的周向温度分布情况. 对比图 3.18 和图 3.19,本文的仿真结果稍优于国外文献[14]的结果.

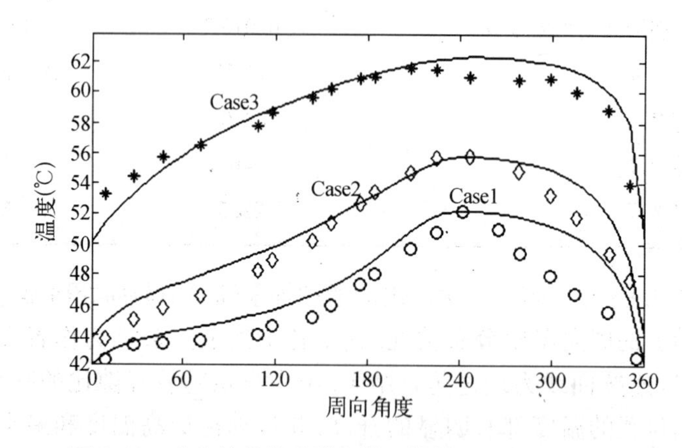

图 3.19　本文计算的油膜与轴瓦接触面周向温度分布

对于轴瓦温度场分布,采用表 3.3 的参数进行计算对比,其他未标明的参数与前一算例相同.

表 3.3 轴瓦温度场分布算例中的轴承结构和工况参数

轴承结构和工况参数	数 值	单 位
径隙比 ψ	0.001 57	
轴颈转速 ω	2 500	r/min
润滑油型号	Transformer oil	
润滑油密度 ρ_F	862	kg/m^3
润滑油热传导系数 k_F	0.140	W/m·K
润滑油比热 c_F	1 970	J/kg·K
40℃时润滑油动力粘度 μ	0.007 36	Pa·s
外载荷 W	5 680	N
入口油温 T_0	40.3	℃
环境温度 T_a	27.3	℃

图 3.20 为文献[14]中给出的滑动轴承轴向中截面处轴瓦温度场分布的实验测试及理论仿真结果.由图中可以看出本工况中,在油膜与轴瓦接触面上,轴瓦的最高温度出现在最小油膜间隙周向位置偏后的地方.

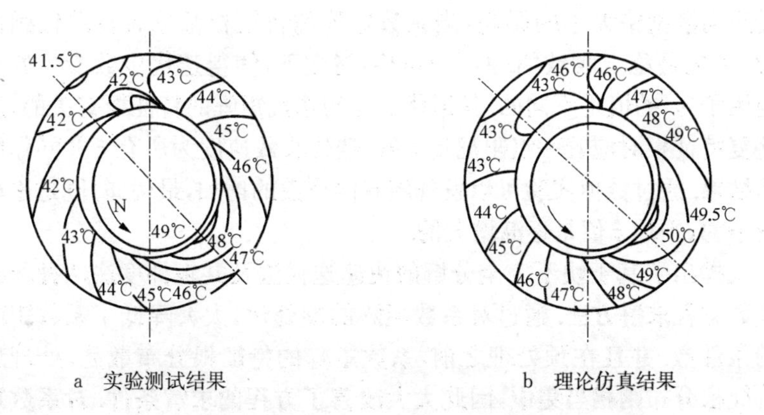

a 实验测试结果　　　　b 理论仿真结果

图 3.20 文献[14]中轴瓦温度场的测试及仿真结果

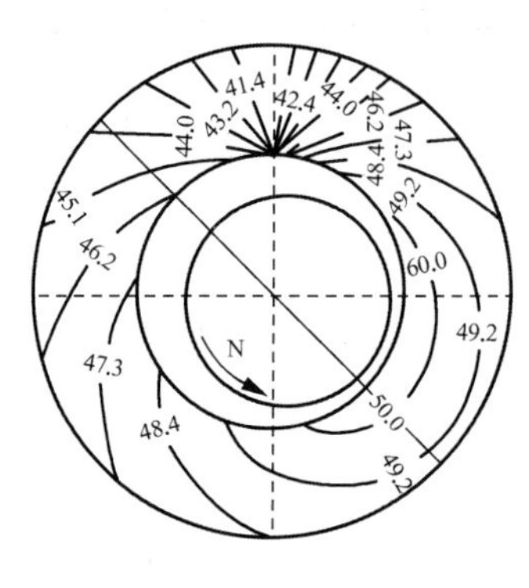

图 3.21 本文计算的轴瓦温度场分布

图 3.21 是本文计算的轴承轴向中截面处轴瓦温度场的分布情况. 对比图 3.20 和图 3.21,两者基本吻合.

通过图 3.18 至图 3.21 的对比,可以看到采用本文建立的径向滑动轴承稳态热弹流分析的数学模型及计算程序得到的结果,无论在整体变化趋势上还是量级上与实验数据都是相符合的,证明本文的热弹流模型是可靠的.

3.5 本章小结

对流体数值算法进行了初步的探讨研究. 详细分析了目前使用较为广泛的松弛迭代法在求解代数方程组时的各影响因素. 发现在离散时采用半步长建模得到的系数矩阵是对称正定的,其收敛性能较好. 精度判据只有在选择的足够高的情况下,得到的数值解才不会受到离散网格大小的影响. 当系数矩阵的特征根都分布在单位圆内时,系统是稳定收敛的. 而在不同网格数下,使得迭代步数最少的松弛因子 ω_{or} 的值是不同的. 其最优值是与迭代矩阵的特征根有关的,这些复特征根对应着一组阻尼比 ξ 值,迭代收敛速度为所有 ξ 共同作用的结果. 通过数值实验可以发现随着网格数的增加,最优 ω_{or} 值是逐渐减小的,平均 ξ 值是逐渐增大的.

提出了基于块不完全分解的快速迭代法及共轭梯度法两种新的代数方程求解方法. 通过对系数矩阵的预处理,大大降低了系数矩阵的条件数. 并且在预处理之前,系数矩阵的特征根分布散乱,处理后特征根分布则相当集中,因此大大改善了方程的求解条件. 对系数矩阵分解时引入的补偿因子进行了讨论,选择恰当的补偿因子,可以使特征根分布得更加靠近零点，从而加快收敛速度. 通过与松弛方法的对比，发现这两种新型的算法，对精度判据的要求相对较小，cpu 计算时间要比松弛法快 80 倍和 70 倍以上. 而迭代步数方面，松弛法能达到两种方法的上百倍.

建立了普通金属瓦径向滑动轴承三维热弹流分析的数学模型，并给出了数值求解的过程. 在实际算例中，与国外文献中的实验数据进行了对比. 比较了多种工况下油膜与轴瓦接触面周向温度分布及轴瓦的温度场分布. 计算结果与文献中的实验结果均相吻合，证明本文建立的数学模型及求解程序是可靠的.

第四章 弹性金属塑料瓦径向滑动轴承稳态热弹流分析

4.1 弹性金属塑料瓦径向滑动轴承热弹流分析

4.1.1 弹性金属塑料瓦径向滑动轴承的结构特点

弹性金属塑料瓦径向滑动轴承的瓦体结构如图 4.1 所示. 其瓦体由三层材料组成,即聚四氟乙烯层、聚四氟乙烯弹性层和钢基轴承座.

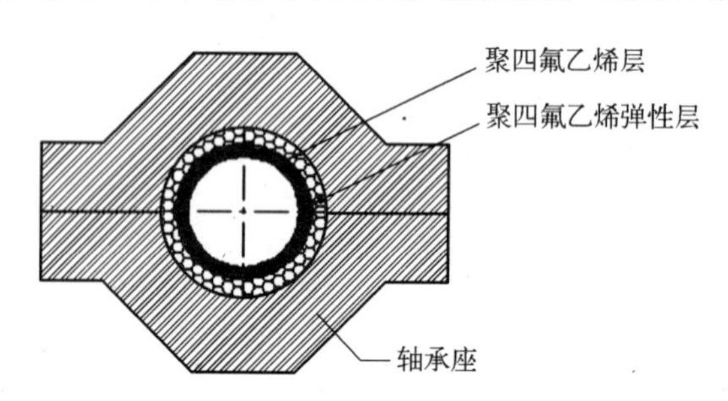

图 4.1 弹性金属塑料瓦径向滑动轴承的瓦体结构

其中,上两层材料统称为复合层. 由于复合层的弹性模量较金属瓦低两个数量级,且导热性远比金属瓦差,因此必须考虑到轴瓦受到压力场作用而产生的弹性变形,以及受到温度场作用而产生的热变形对油膜厚度的影响作用,则无量纲油膜厚度方程应改写为如下形式:

$$H = 1 + \varepsilon\cos(\Phi - \theta) + EDisp + TDisp \tag{4.1}$$

式中 $EDisp$ 和 $TDisp$ 分别表示轴瓦的无量纲弹性变形量和热变形量.

由于瓦表面是聚四氟乙烯层，通过第二章的实验验证，在聚四氟乙烯和润滑油界面间会存在滑移现象，因此分析时也要考虑滑移效应的影响. 所以在进行弹性金属塑料瓦径向滑动轴承的流体动力润滑研究过程中，应进行全面的热弹流分析研究.

4.1.2 弹性变形

由于弹性变形非常复杂，为了获得在现有条件下能够求解的弹性位移方程，需要进行相应的简化处理. 绪论中提到，有文献引用了一种最简单的处理方法，即关于弹性基础梁的一维 Winkler 假定. 假定认为，梁在弯曲时受到基础的连续分布的反作用力的作用，各点上反作用力的强度(单位长度上的力)与梁在该点的位移成正比. 也就是把轴瓦设想为无穷多个紧密排列的弹簧，弹簧一端固定在刚性的轴承座上，一端承受油膜压力，每个弹簧在压力作用下的位移相互独立. 但在实际工程中，当轴承结构比较复杂，不能简化为梁、板或弹性半无限空间时，特别是对于含有复合层材料的弹性金属塑料瓦径向滑动轴承利用该假定进行近似求解误差偏大. 本文采用三维有限单元方法[109-115]获得离散体内的弹性位移方程，利用计算机进行数值求解，然后再与 Reynolds 方程和能量方程进行迭代计算.

在求解弹性变形问题中，有限单元法的应用是根据虚功原理来推导单元特性和有限元方程的. 基本原理是将求解区域进行离散，剖分成若干相连接而又不重叠的几何形状单元，其求解的基本步骤为：

(1) 将一个受力的连续体“离散化”，即采用合适的单元将求解区域进行剖分.

(2) 根据弹性力学的基本方程，如几何方程、物理方程等，推导出每个单元内节点力和节点位移之间的关系，建立单元刚度矩阵和载荷矩阵.

(3) 总体合成，将各单元的刚度阵和载荷阵根据局部节点编号与总体节点编号的对应关系组成总体刚度矩阵.

(4) 按照静力等效原则将作用在每个单元的外力简化到节点上去,形成等效节点力.

(5) 约束处理,加入位移边界条件.

(6) 求解代数方程组,得到全部未知的位移.

本文在弹性变形有限元求解中采用六面体八节点单元来离散求解模型,其位移插值函数(形函数)N_i 用局部坐标$\{\xi, \eta, \zeta\}$可以表示成:

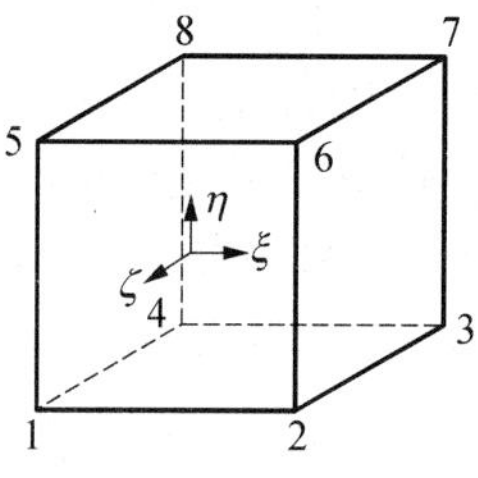

图 4.2 六面体八节点单元

$$N_i = \frac{1}{8}(1+\xi\xi_i)(1+\eta\eta_i)(1+\zeta\zeta_i) \quad (i = 1, 2, \cdots, 8) \tag{4.2}$$

各节点的位置和相对应的局部坐标值如图 4.2 和表 4.1 所示.

表 4.1 六面体单元节点局部坐标值

	1	2	3	4	5	6	7	8
ξ	−1	1	1	−1	−1	1	1	−1
η	−1	−1	−1	−1	1	1	1	1
ζ	1	1	−1	−1	1	1	−1	1

在每个单元中可以根据虚功原理建立节点位移和节点载荷之间的关系,即:

$$F^e = K^e \cdot \delta^e = \left(\int_{V^e} B^{\mathrm{T}} \cdot D \cdot B \cdot \mathrm{d}V\right) \cdot \delta^e \tag{4.3}$$

式中 δ^e为单元内各节点的位移,K^e 为单元刚度矩阵;V 是单元体积,$[B]$为单元应变矩阵,对于六面体单元可以表达为:

$$[B_i] = \begin{bmatrix} \frac{\partial N_i}{\partial x} & 0 & 0 \\ 0 & \frac{\partial N_i}{\partial y} & 0 \\ 0 & 0 & \frac{\partial N_i}{\partial z} \\ \frac{\partial N_i}{\partial y} & \frac{\partial N_i}{\partial x} & 0 \\ 0 & \frac{\partial N_i}{\partial z} & \frac{\partial N_i}{\partial y} \\ \frac{\partial N_i}{\partial z} & 0 & \frac{\partial N_i}{\partial x} \end{bmatrix} \quad (i = 1, 2, \cdots, 8) \tag{4.4}$$

D 为材料的弹性矩阵，取决于材料的弹性模量 E 和泊松比 ν：

$$D = \frac{E(1-\nu)}{(1+\nu)(1-2\nu)} \begin{bmatrix} 1 & \frac{\nu}{1-\nu} & \frac{\nu}{1-\nu} & 0 & 0 & 0 \\ \frac{\nu}{1-\nu} & 1 & \frac{\nu}{1-\nu} & 0 & 0 & 0 \\ \frac{\nu}{1-\nu} & \frac{\nu}{1-\nu} & 1 & 0 & 0 & 0 \\ 0 & 0 & 0 & \frac{1-2\nu}{2(1-\nu)} & 0 & 0 \\ 0 & 0 & 0 & 0 & \frac{1-2\nu}{2(1-\nu)} & 0 \\ 0 & 0 & 0 & 0 & 0 & \frac{1-2\nu}{2(1-\nu)} \end{bmatrix} \tag{4.5}$$

求解应变矩阵需要将局部坐标系中的 $\{\xi, \eta, \zeta\}$ 转化成整体坐标系中的 $\{x, y, z\}$：

$$\begin{Bmatrix} \dfrac{\partial N_i}{\partial x} \\ \dfrac{\partial N_i}{\partial y} \\ \dfrac{\partial N_i}{\partial z} \end{Bmatrix} = [J]^{-1} \begin{Bmatrix} \dfrac{\partial N_i}{\partial \xi} \\ \dfrac{\partial N_i}{\partial \eta} \\ \dfrac{\partial N_i}{\partial \zeta} \end{Bmatrix} \tag{4.6}$$

上式中$[J]$是坐标变换矩阵，即雅可比(Jacobi)矩阵：

$$[J] = \begin{bmatrix} \dfrac{\partial x}{\partial \xi} & \dfrac{\partial y}{\partial \xi} & \dfrac{\partial z}{\partial \xi} \\ \dfrac{\partial x}{\partial \eta} & \dfrac{\partial y}{\partial \eta} & \dfrac{\partial z}{\partial \eta} \\ \dfrac{\partial x}{\partial \zeta} & \dfrac{\partial y}{\partial \zeta} & \dfrac{\partial z}{\partial \zeta} \end{bmatrix} \tag{4.7}$$

为了求得 Jacobi 矩阵的逆阵以及单元刚度矩阵中的积分式，必须保证变换行列式在整个单元上均不能等于零. 这是确保整体坐标与局部坐标一一对应的必要条件. 该条件限定了用三维单元划分模型时不能出现凹六面体单元.

通常较难采用解析法求出单元刚度矩阵的精确解，为了便于编制程序进行计算，本文通过五点高斯积分法进行数值积分求出单元刚度矩阵 K^e：

$$\begin{aligned} K^e &= \iiint_{\Omega} [B]^{\mathrm{T}}[D][B]\,\mathrm{d}x\,\mathrm{d}y\,\mathrm{d}z \\ &= \int_{-1}^{1}\int_{-1}^{1}\int_{-1}^{1} [B]^{\mathrm{T}}[D][B]\,|J|\,\mathrm{d}\xi\,\mathrm{d}\eta\,\mathrm{d}\zeta \\ &\approx \sum_{k=1}^{5}\sum_{j=1}^{5}\sum_{m=1}^{5} f(\xi_k,\ \eta_j,\ \zeta_m) H_k H_j H_m \end{aligned} \tag{4.8}$$

上式中 H_k，H_j 和 H_m 是单元内积分点的加权系数.

形成单元刚度矩阵后，利用整体坐标与局部坐标一一对应的特点，根据节点上力平衡的原理可以组成总体刚度矩阵.

然后需要确定弹性金属塑料瓦径向滑动轴承轴瓦弹性变形分析问题的载荷和约束条件.在高速工作的轴承中，轴承和轴之间形成的油膜压力将会持续作用于求解区域的平面上，同时轴瓦的外表面被固接于轴承支座上，所以载荷和约束条件可以表达为：

$$F\big|_{y=0}=p(x,\ z);\ \delta\big|_{y=B}=0 \tag{4.9}$$

利用乘大数法进行约束处理，然后按 LDL^{T} 分解法求解代数方程组.刚度矩阵为大型稀疏对称正定矩阵，要求内存空间较大，因此采用稀疏矩阵存储技术.

对于方程组：

$$Ax=b \tag{4.10}$$

由于 A 对称正定，因此可分解为：

$$A=LDL^{\mathrm{T}} \tag{4.11}$$

其中 L 是下三角矩阵，D 为对角阵：

$$L=\begin{pmatrix} 1 & & & & \\ l_{21} & 1 & & 0 & \\ \vdots & & \ddots & & \\ \vdots & & & \ddots & \\ l_{n1} & l_{n2} & \cdots & \cdots & 1 \end{pmatrix} \quad D=\begin{pmatrix} d_1 & & & & \\ & d_2 & & 0 & \\ & & \ddots & & \\ & 0 & & \ddots & \\ & & & & d_n \end{pmatrix}$$

L^{T} 是 L 的转置矩阵.因此原方程组(4.9)的求解可等价于求解如下方程组：

$$\begin{cases} Ly=b \\ L^{\mathrm{T}}x=D^{-1}y \end{cases}$$

记 $f=D^{-1}y$, $L'=LD$,则等价于求解:

$$\begin{cases} L'f=b \\ L^{\mathrm{T}}x=f \end{cases} \tag{4.12}$$

利用追赶法求解上述方程组,即可得到轴瓦的弹性变形量,该变形将使得油膜间隙有所增大.

4.1.3 热变形

油膜的温度场将会直接作用在轴瓦的内表面上,使其产生热变形量,计算时限制轴瓦外表面位移为零,所以热变形的结果是使得油膜间隙减小. 为了能较为准确地反映轴瓦的热变形特性,本文仍采用同弹性变形分析时相同的三维有限元求解模型,所采用的单元仍为六面体八节点单元. 采用该模型,在求解过程中可以沿用已经推导的单元刚度矩阵,以达到缩短计算时间的目的.

由物体温度变化所引起的变形称为热变形. 随着温度发生变化,轴瓦部分将会由于热变形而产生线应变 $\alpha\Delta T$,其中 α 是材料的线膨胀系数,ΔT 是温度的变化量. 这种应变常常称为物体的初应变 ε_0. 用有限元法计算热变形时需要将初应变 ε_0 叠加在一般应变之上而构成总的应变 ε.

这时的本构方程为:

$$\{\sigma\}=[D](\{\varepsilon\}-\{\varepsilon_0\})=[D]\{\varepsilon\}-[D]\{\varepsilon_0\} \tag{4.13}$$

式中 $\{\varepsilon\}$ 为包含自由膨胀初应变向量 $\{\varepsilon_0\}$ 在内的总应变向量;$\{\sigma\}$ 为应力向量. 令:

$$\{\sigma_{\Delta T}\}=[D]\{\varepsilon_0\} \tag{4.14}$$

其中 $\{\sigma_{\Delta T}\}$ 可以认为是引起初应变向量 $\{\varepsilon_0\}$ 的温差载荷. 对于三维问题,由温度引起的初应变 $\{\varepsilon_0\}$ 为:

$$\{\varepsilon_0\} = \begin{Bmatrix} \varepsilon_x \\ \varepsilon_y \\ \varepsilon_z \\ \gamma_{xy} \\ \gamma_{yz} \\ \gamma_{zx} \end{Bmatrix} = \alpha \Delta T \begin{Bmatrix} 1 \\ 1 \\ 1 \\ 0 \\ 0 \\ 0 \end{Bmatrix} \tag{4.15}$$

这种热应变形成的初应变是一种没有剪应变的应变.将上式代入(4.14)式,可以得到:

$$\{\sigma_{\Delta T}\} = \frac{E\alpha \Delta T}{1-2\nu} \begin{Bmatrix} 1 \\ 1 \\ 1 \\ 0 \\ 0 \\ 0 \end{Bmatrix} \tag{4.16}$$

将温差载荷强度等效地移置到节点上成为等效温差节点载荷列向量$\{F_{\Delta T}\}$,利用虚功原理可以得出有限元求解格式:

$$[K]\{\delta_t\} = \{F_{\Delta T}\} = \int_{\Omega} [B]^{\mathrm{T}} \{\sigma_{\Delta T}\} \mathrm{d}\Omega \tag{4.17}$$

式中刚度矩阵$[K]$同弹性变形分析中的刚度矩阵完全相同.求解上式就可以得出轴瓦由于温度变化所产生的热变形量δ_t.

4.1.4 边界滑移特性的引入

经过本文第二章的实验证实,聚四氟乙烯与润滑油膜之间的滑移现象是在剪切速率或者剪切应力达到某个临界值以后出现的,并且随着剪切速率的增加而增大;实验还进一步证明,滑移速度还与场压力p有关.根据具体的实验数据,运用数值计算方法进行拟合后得出了滑移速度v_s的数学模型.

4.1.4.1　速度模型修正

在计入边界滑移后将对油膜速度方程进行相应的修改. 由于沿 x 方向的速度 U 远大于沿 y 方向上的速度 W，所以在对速度方程修改中只考虑 U 方向上的滑移，而忽略 W 方向上的滑移. 这时(3.26)式将会被修改为：

$$u=\frac{\partial p}{\partial x}\int_0^y \frac{y-y_m}{\mu}\mathrm{d}y-\frac{U_0-v_s}{F_0}\int_0^y \frac{\mathrm{d}y}{\mu}+U_0 \tag{4.18}$$

相应的速度边界条件为：

$$\begin{cases} y=0, & u=U_0, \quad v=w=0 \\ y=h, & u=v_s, \quad v=w=0 \end{cases} \tag{4.19}$$

4.1.4.2　雷诺方程的修正

对于弹性金属塑料瓦径向滑动轴承来说，由于雷诺方程的基本假设之一——无滑移边界条件对聚四氟乙烯材料已不再适用，所以必须对雷诺方程进行修正. 将考虑边界滑移后的速度模型及其边界条件代入连续方程，并沿油膜厚度方向积分，得到修正后的雷诺方程为：

$$\frac{\partial}{\partial x}\left(F_2\frac{\partial p}{\partial x}\right)+\frac{\partial}{\partial z}\left(F_2\frac{\partial p}{\partial z}\right)=\frac{\partial}{\partial x}(v_s h)+\frac{\partial}{\partial x}\left((U_0-v_s)\frac{F_1}{F_0}\right)+v_s\frac{\partial h}{\partial x} \tag{4.20}$$

在计算过程中，根据前文滑移试验得到的滑移速度数学模型计算边界滑移速度场. 然后将所得到的滑移速度再代入到 Reynolds 方程中进行新一轮的压力场迭代计算，直至压力场收敛为止.

4.1.4.3　轴瓦热传导方程的补充

由于轴瓦表面是纯聚四氟乙烯层，中间的金属丝弹性层是在铜丝网格中充填聚四氟乙烯材料，计算时将这两层等效成具有同一热传导系数的材料：

$$热阻 = \frac{t_a + t_b}{k_e} = \frac{t_a}{k_a} + \frac{t_b}{k_b} \tag{4.21}$$

其中 k_a、k_b 分别为两种材料的热传导系数；t_a、t_b 为两种材料的厚度；k_e 为两层材料所组成的复合层的等效热传导系数.

再加上钢基，则弹性金属塑料瓦径向滑动轴承的轴瓦热传导相当于两层材料的热传导. 与油膜接触的复合层材料轴瓦的热传导方程为：

$$\frac{1}{\overline{r_e}^2}\frac{\partial^2 \overline{T_e}}{\partial \Phi^2} + \frac{1}{\overline{r_e}}\frac{\partial \overline{T_e}}{\partial \overline{r_e}} + \frac{\partial^2 \overline{T_e}}{\partial \overline{r_e}^2} + \left(\frac{D}{L}\right)^2 \frac{\partial^2 \overline{T_e}}{\partial \overline{z}^2} = 0 \tag{4.22}$$

式中 $\overline{T_e} = T_e/T_0$ 为无量纲复合层轴瓦温度，$\overline{r_e} = r_e/R$ 是无量纲复合层轴瓦径向坐标.

钢基层热传导方程仍采用式(3.32).

在两层材料中间要保持热流连续：

$$k_e \frac{\partial T_e}{\partial r_e}\bigg|_{r_e = R_2} = k_m \frac{\partial T_m}{\partial r_m}\bigg|_{r_m = R_2} \tag{4.23}$$

4.1.5 算例分析

取两种工况下的油膜压力场和温度场的分布结果与实验测试结果进行对比. 具体参数见表 4.2.

表 4.2 弹性金属塑料瓦径向滑动轴承的结构和工况参数

轴承结构和工况参数	数　值	单　位
轴承直径 D	90	mm
轴承宽度 L	65	mm
轴瓦厚度 B	12.5	mm
半径间隙 c	0.000 11	

续 表

轴承结构和工况参数	数 值	单 位
轴瓦热传导系数 k_e	2.05	W/m·K
轴瓦泊松比 ν	0.33	
轴瓦线膨胀系数 α	6.35e-5	1/℃
润滑油型号	No. 30 turbine oil	
润滑油密度 ρ_F	880	kg/m^3
润滑油热传导系数 k_F	0.13	W/m·K
润滑油比热 c_F	1 939.3	J/kg·K
入口油温 T_0	40	℃
环境温度 T_a	25	℃

根据西安交通大学轴承研究所对复合材料轴瓦力学性能的实验研究[84],文中给出了复合层材料弹性模量与温度的关系曲线.根据该图中曲线拟合后可以得出复合层弹性模量随温度变化的数学模型如下式所示:

$$E = 3.07081 \times T^5 - 789.12316 \times T^4 + 68424.3473 \times T^3 - 2214410 \times T^2 + 5240180 \times T + 1.6 \times 10^9 (\mathrm{Pa}) \tag{4.24}$$

其中Case1工况中轴颈转速 $\omega = 1000$ r/min,外载荷 $W = 3$ kN;Case2工况中轴颈转速 $\omega = 1200$ r/min,外载荷 $W = 4$ kN.

4.1.5.1 油膜压力场分布

图4.3和图4.4是本文计算的两种工况下的计入边界滑移作用后的弹性金属塑料瓦径向滑动轴承油膜压力场分布曲面图及等高线图.

4.1.5.2 油膜温度场的分布

图4.5和图4.6分别是本文计算的两种工况下的计入边界滑移

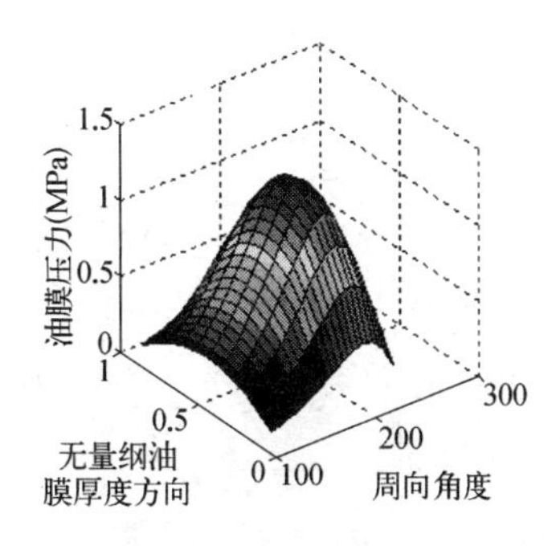

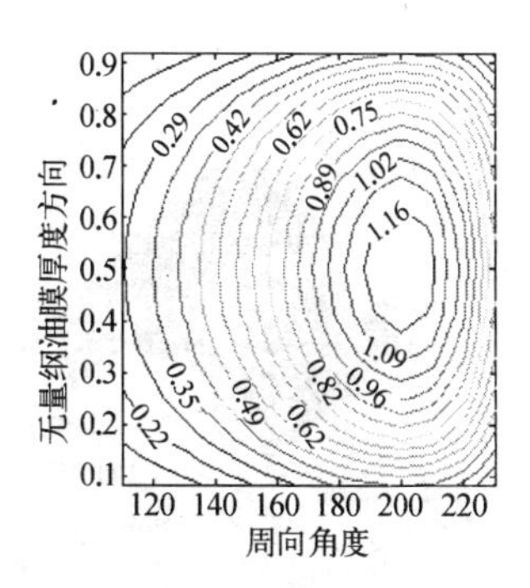

图 4.3　弹性金属塑料瓦径向滑动轴承油膜压力场分布——Case1 工况

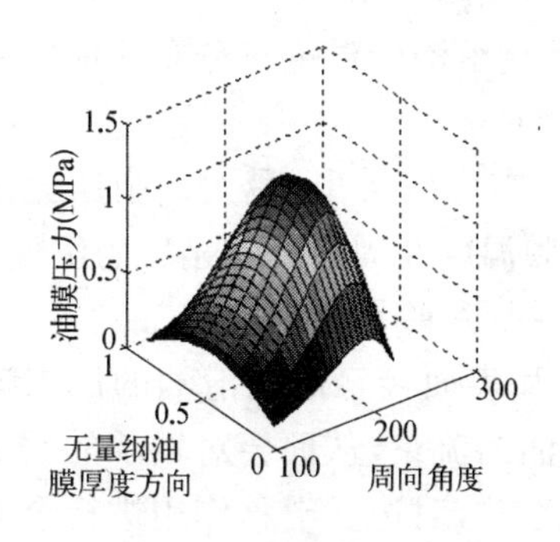

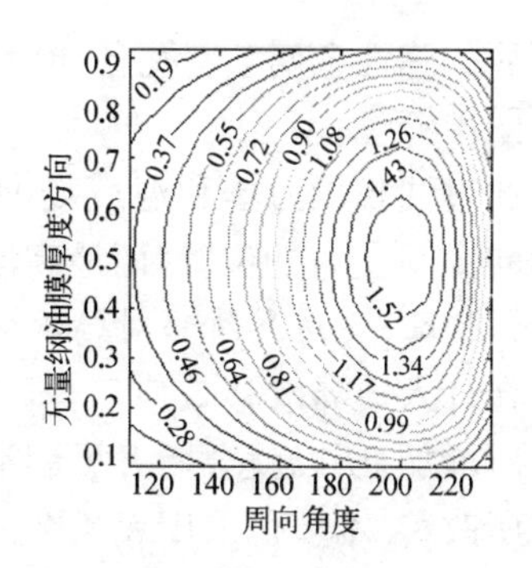

图 4.4　弹性金属塑料瓦径向滑动轴承油膜压力场分布——Case2 工况

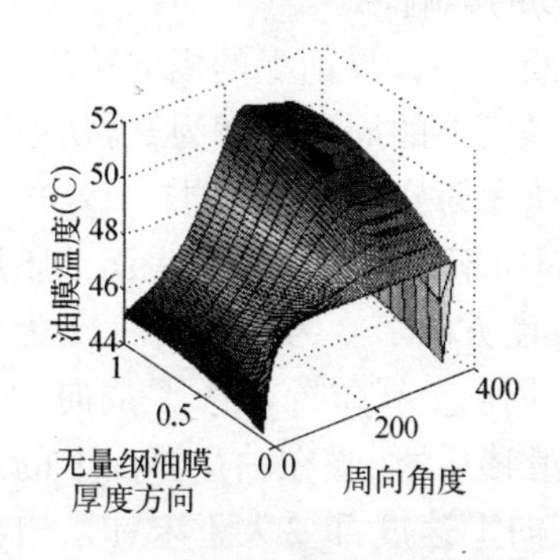

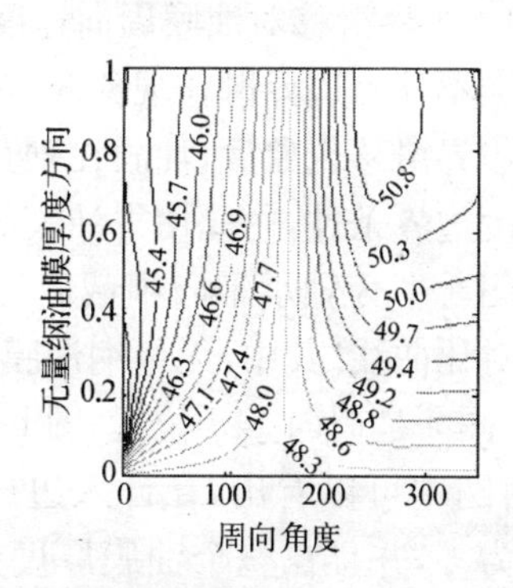

图 4.5　弹性金属塑料瓦径向滑动轴承油膜温度场分布——Case1 工况

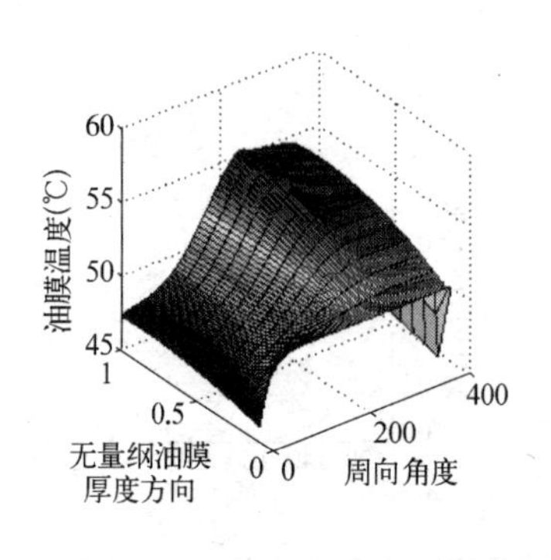

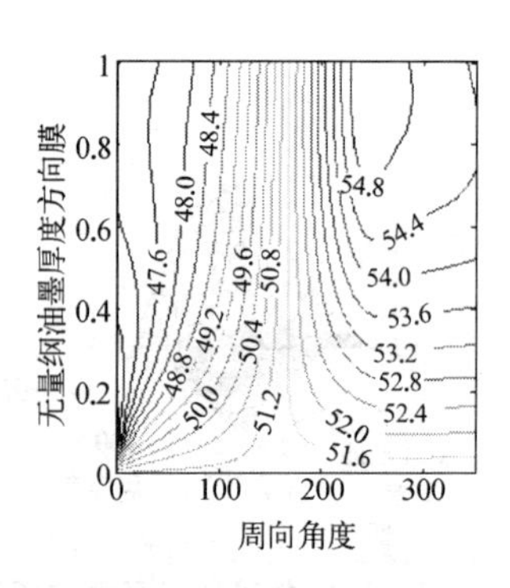

图 4.6　弹性金属塑料瓦径向滑动轴承油膜温度场分布——Case2 工况

作用后的弹性金属塑料瓦径向滑动轴承油膜温度场分布曲面图及等高线图.

通过油膜压力场和温度场的分布可以看出,最大油膜压力出现在周向 200°左右的位置,而最高油膜温度在周向 200°稍后的位置.

4.1.5.3　边界滑移对轴承润滑性能的影响分析

在计入边界滑移效应后,与轴瓦表面接触的润滑油的周向速度会有所增加,所以就会增大了润滑油的流量,从而会对轴承的润滑性能有所改善.本节仍采用表 4.2 的参数,对边界滑移作用进行全面的分析.

1. 边界滑移对油膜周向速度场的影响

当不计入边界滑移现象时,油膜在轴瓦界面上的周向速度为零.计入边界滑移现象后,油膜在轴瓦界面上的周向速度为 v_s,从而改变了速度边界条件,由此使得油膜的速度场分布有所不同.

图 4.7 为轴承轴向中截面处周向不同位置的轴瓦表面油膜周向速度对比曲线.其中,无量纲油膜厚度方向中 0 为轴颈表面,1 为轴瓦表面.图 a 是周向 140°位置,图 b 是周向 190°位置,图 c 是周向 240°位置.由图中可以看出,在计入边界滑移后,油膜在轴瓦界面上的速度不再为零,并且在整个油膜厚度方向上速度都要大于未计入边界滑移的情况.这主要是由于在该范围内,油膜间隙减小,油膜内的剪切

应力增大并超过了产生滑移的极限值所以发生了滑移现象. 根据计算结果可知图 c 位置处的油膜间隙最小,剪切应力最大,而最大油膜压力发生在周向 200°位置附近,图 c 位置处对应的油膜压力已经下降,所以大的剪切应力和小的油膜压力使得该处的滑移速度较大. 比较 a、b 两图,都位于油膜最大压力点的上游,图 b 处的油膜压力比图 a 处的大,压力增大应使得图 b 处的滑移速度降低. 但是图 b 处的无

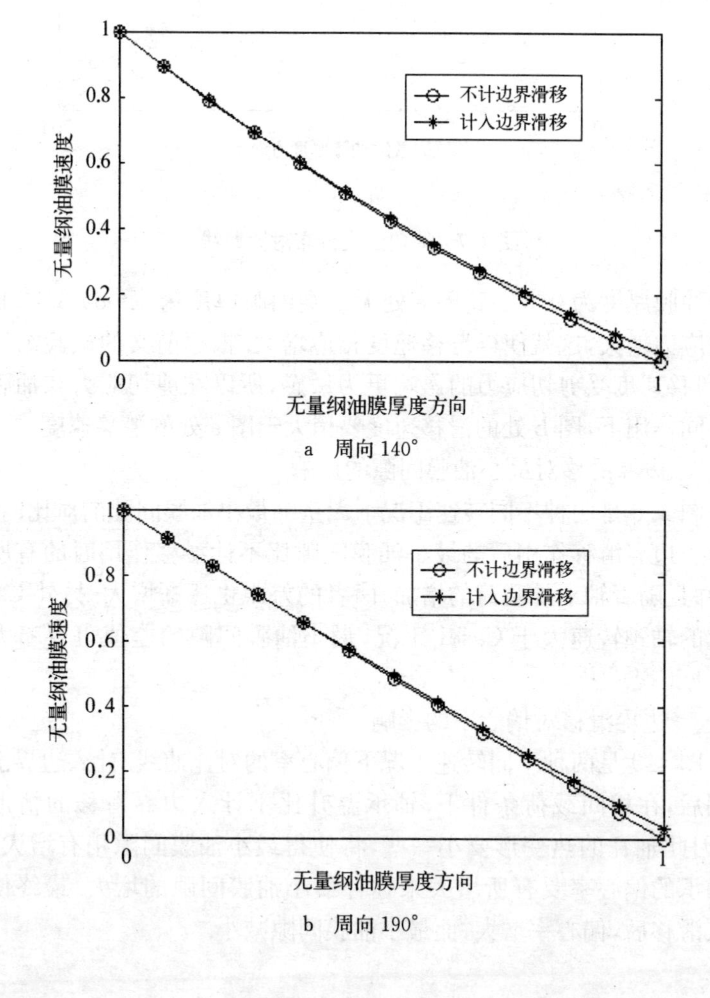

a　周向 140°

b　周向 190°

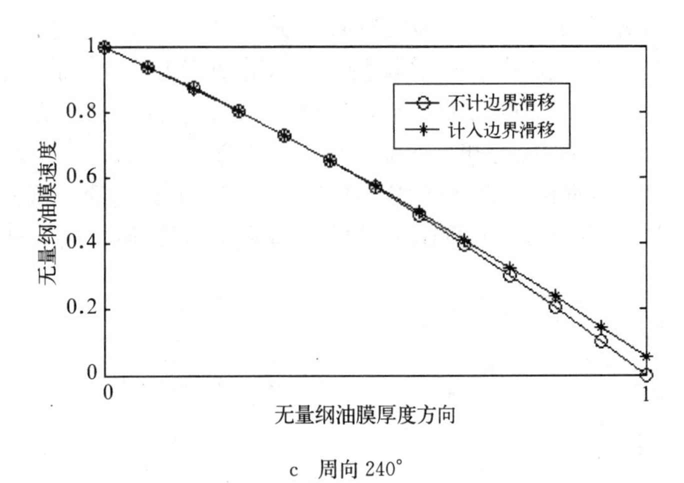

c　周向 240°

图 4.7　周向速度分布对比曲线

量纲油膜厚度为 0.677 1，图 a 处无量纲油膜厚度为 1.085 3，图 b 处剪切应力增大，这就使得滑移速度相应增大. 根据前文的试验结果可知，滑移速度受剪切应力的影响更为敏感，所以在剪切应力和油膜压力共同作用下，图 b 处的滑移速度要稍大于图 a 处的滑移速度.

2. 边界滑移对最小油膜间隙的影响

图 4.8 是两种不同转速工况下无量纲最小油膜间隙的对比曲线. 在计入边界滑移作用后的最小油膜间隙比不计滑移作用时的有所减小，并且随着轴承外载荷的增加，两者的差距也逐渐增大. 另外 Case2 工况的轴颈转速大于 Case1 工况，最小油膜间隙的差值也要略大于 Case1 工况.

3. 边界滑移对偏心率的影响

图 4.9 是两种不同转速工况下偏心率的对比曲线. 计入边界滑移作用后，在相同载荷条件下，轴承温升比不计入边界滑移的情形要低，因此轴瓦的热变形要小一些，将使得最小油膜间隙稍有增大，因此轴承的偏心率要有所增大来弥补最小油膜间隙的增大. 最终使得计入滑移后，偏心率增大，而最小油膜间隙减小.

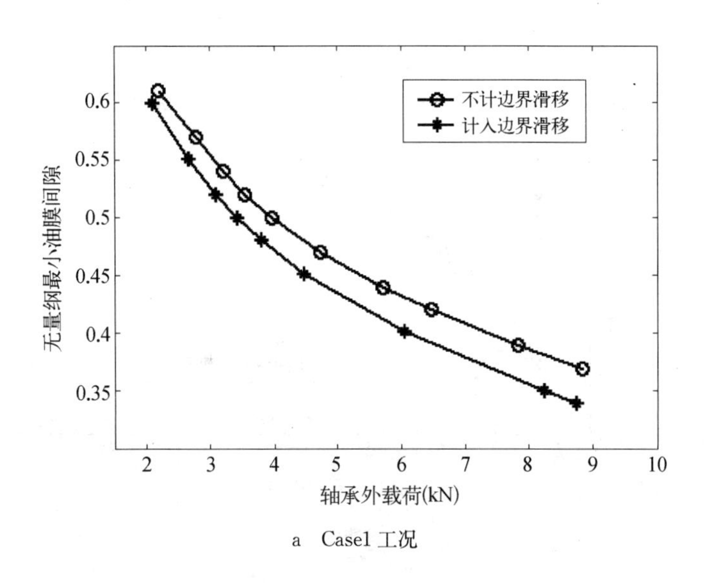

a Case1 工况

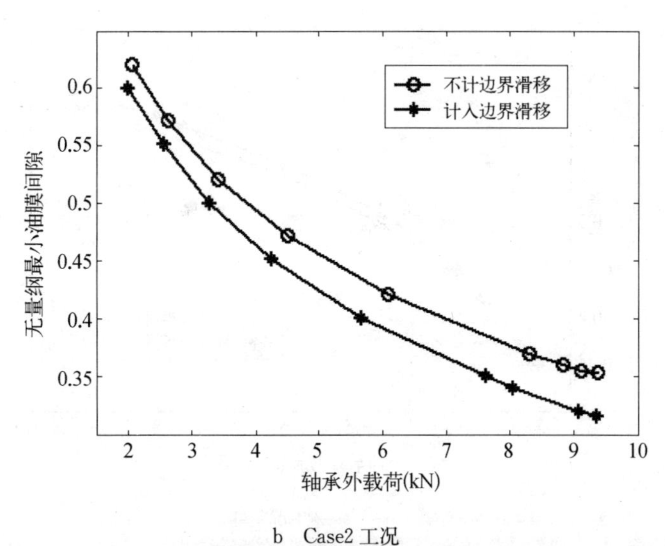

b Case2 工况

图 4.8 最小油膜间隙对比曲线

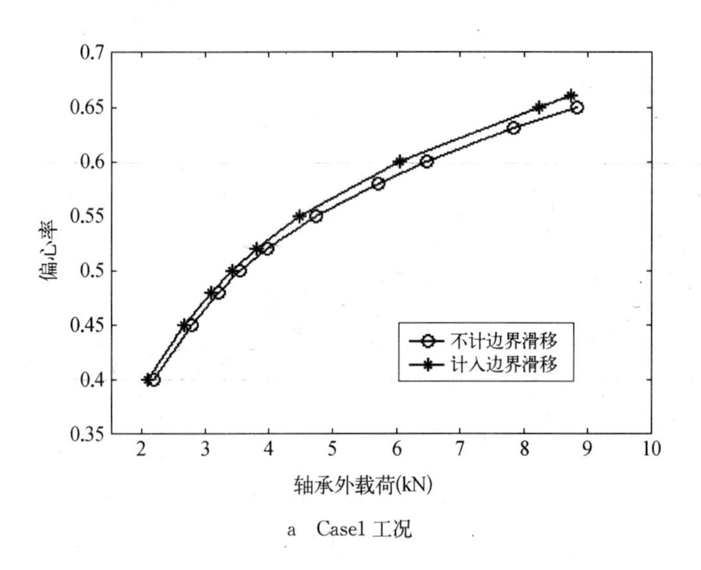

a Case1 工况

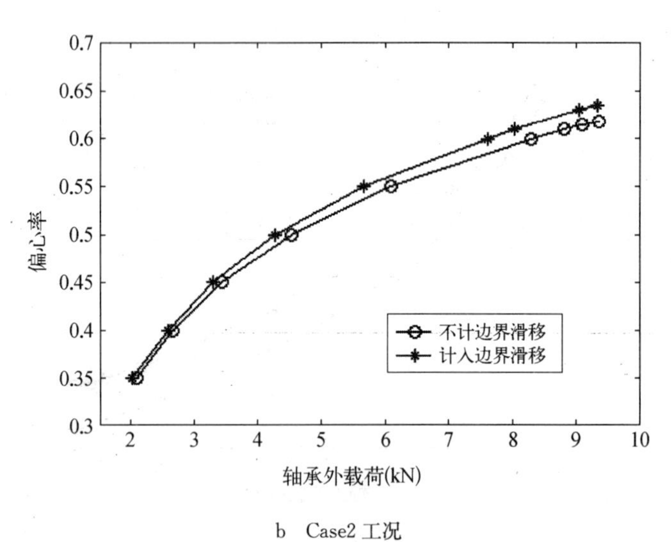

b Case2 工况

图 4.9 偏心率对比曲线

4. 边界滑移对油膜压力场的影响

图 4.10 为两种工况下计入边界滑移和不计边界滑移的油膜最大

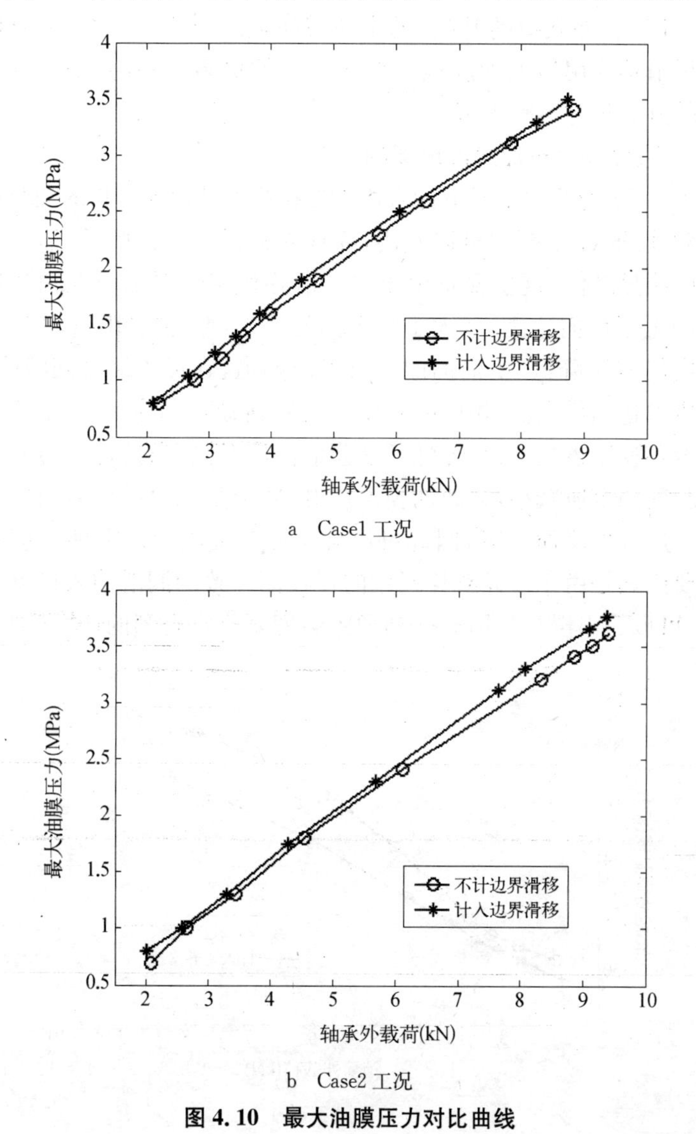

图 4.10 最大油膜压力对比曲线

压力对比曲线. 由图中可以看出,计入滑移作用后,油膜最大压力略有升高. 这主要是由于滑移作用使得最小油膜间隙有所减小而造成的. 并且随着外载荷的升高,最小油膜间隙的减小量增大,也使得计入边界滑移作用后的油膜最大压力升高的更多一些,但是总体来说压力的升高量并不是很多.

5. 边界滑移对油膜温度场的影响

图 4.11 为两种工况下计入边界滑移和不计边界滑移的油膜最高温度对比曲线. 由图中可以看出,在计入边界滑移作用后,油膜的最高温度明显降低. 这主要是由于边界滑移作用使得油膜在轴瓦接触面上产生了周向速度,增大了润滑油的流量,摩擦力相应减小,所以使温度场有所降低. 由前面的分析可以知道,在最小油膜间隙附近,油膜压力达到最大值,相应的温度值也达到最高. 但同时由于此时的油膜滑移速度也高,大大降低了油膜的温度升高. 虽然计入边界滑移后油膜间隙有所减小,会使油膜温度升高,但是以上结果表明计入边界滑移后温度反而下降,因此可以确定影响油膜内润滑油温度下降的主要因素是由于边界滑移现象的存在而导致的润滑油入口流量的增加. 可以看出滑移作用对控制油膜温度是非常有利的,并且随着外

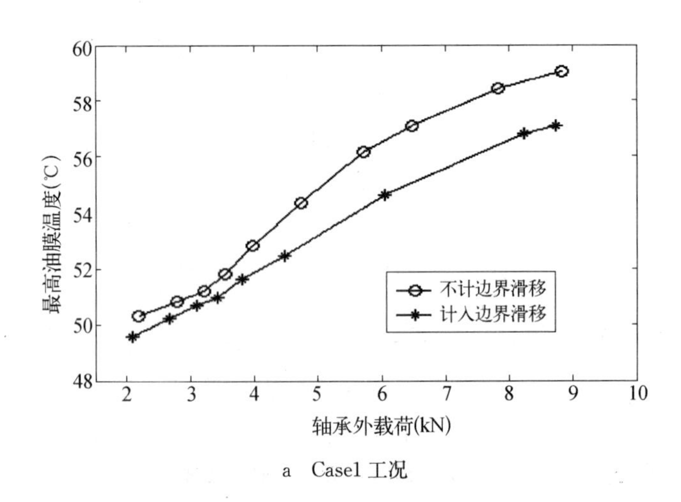

a Case1 工况

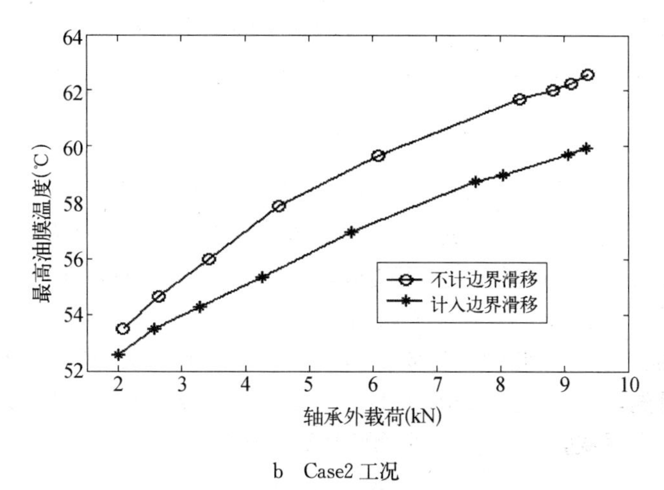

b　Case2 工况

图 4.11　最高油膜温度对比曲线

载荷和轴颈转速的升高,这种优势更为明显.

4.2　弹性金属塑料瓦径向滑动轴承压力场和温度场的试验研究

通过以上理论分析可以看出,弹性金属塑料瓦径向滑动轴承的润滑机理比较特殊,需要用试验测试结果来进行对比验证.

径向滑动轴承正常工作时,其承载区域内的压力分布变化较为剧烈,特别对于弹性金属塑料轴瓦,表面为纯聚四氟乙烯层,该材料的弹性模量要比普通的金属瓦小得多,所以弹性变形很大,这将会对油膜压力场分布造成很大的影响,而这正能体现出弹性金属塑料瓦径向滑动轴承与传统金属瓦轴承的区别所在,因此有必要对油膜中的压力场进行测试.

轴承失效包括油膜破裂、摩擦副直接接触、擦伤等形式,而上述形式中温度都起着重要的作用. 特别对于弹性金属塑料轴瓦,导热性能差,而且热膨胀系数大,也会使轴瓦产生很大的变形,这都将影响轴承的工作性能,因此也有必要对油膜中的温度场进行测试,以揭示其与传统金属瓦轴承的区别.

4.2.1 压力场温度场试验台架设计

本试验的主要目的是要对弹性金属塑料瓦径向滑动轴承的油膜压力场和温度场进行测试.轴承的工作状态受到多种因素的影响,因此要实现多种工况的变化,并且应该具有结构紧凑、拆装方便等特点.

试验台架设计方案的优劣、加工质量的好坏将直接影响到试验结果的有效性,因此设计时要全面考虑各方面的因素.根据以上主要试验目的,本文设计了如图 4.12 所示的径向滑动轴承油膜压力场和温度场测试试验台架(具体实物照片见论文附录页).

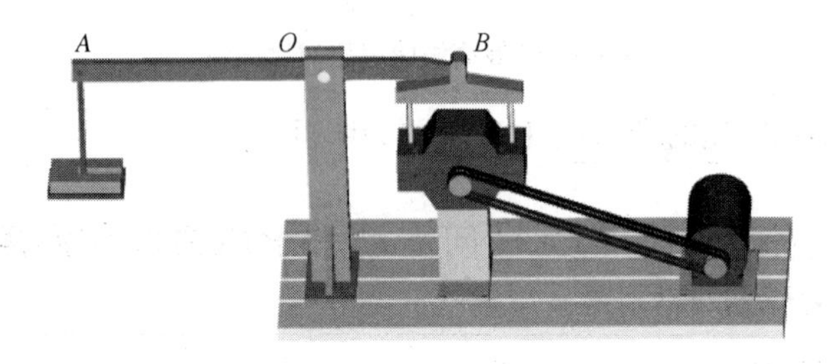

图 4.12 径向滑动轴承压力场温度场试验台架

(1) 调速系统

理论分析表明,径向滑动轴承中润滑油的压力场和温度场分布与轴颈的转速变化有很大关系,特别是对于弹性金属塑料瓦径向滑动轴承,由于其轴瓦材料的导热性较差,油膜温度变化较大,因此要在不同转速下来测试油膜的性能.本试验台架中轴承转子利用电机驱动,利用数字变频器调解转速,从而实现了在不同转速情况下的测试.

(2) 加载装置

另外,轴承所受径向负载的大小也是影响径向滑动轴承工作性能的一个非常重要的因素,根据本文的试验要求,要实现对系统施加垂直方向载荷的功能，为此本文设计了加载装置. 图 4.12 中，AB 为杠杆，A 处联接吊盘，吊盘上放置砝码，B 处联接试验轴承，支点 O 处套一对滚动轴承，以减小加载时整个杠杆上下微小摆动而产生的摩擦. AO 长度大于 BO 长度，这样在 A 处放置的砝码重量就经过放大而垂直施加到 B 处的轴承上. 通过放置不同的砝码，就可以对轴承施加不同的外载荷.

其他如供油、回油、稳定机构等辅助系统不再赘述.

4.2.2 测试方法

4.2.2.1 压力场测试

经典的钻孔法测试压力简单、直观、易行，并且本文对轴承压力场的测试主要以稳定工作状态为主，因此仍可以采用该种方法.

根据对径向滑动轴承油膜压力的理论分析可以知道，油膜压力的大小受到多种因素的影响，最大压力值通常发生在周向 180°偏后的位置，因此可在这附近布置小孔. 另外对于径向滑动轴瓦，若结构对称，所受外载荷均匀，且工况稳定，即可认为油膜压力场是沿轴瓦轴向中心线对称分布的. 本文压力场测试过程中，载荷是均匀加载的，符合上述条件，所以可以在二分之一轴瓦长度区域内布置压力测试小孔，如图 4.13 所示.

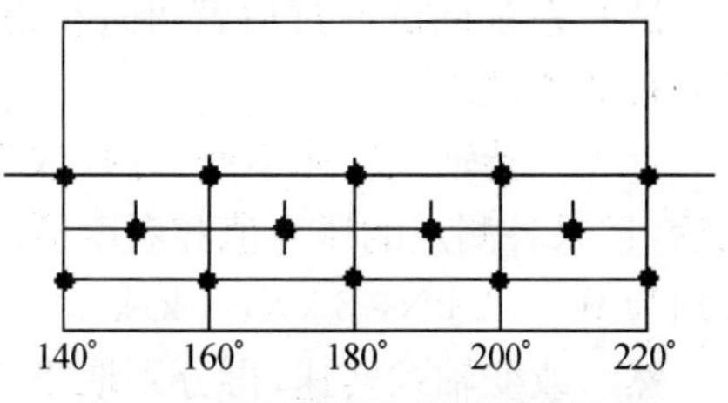

图 4.13 油膜压力场测试点分布

4.2.2.2 温度场测试

考虑到试验目的和现有试验条件，本试验采用 P－N 结温度传感器，利用了晶体二极管 P－N 结电压随温度变化而变化的特点. 根据硅二极管的电流-电压特性，可知二极管的电压与温度具有良好的线性关系，热时间常数很短，约 0.2 s，灵敏度高，因此可将硅二极管封装成传感器，经过对温度和电压值进行标定后就可以方便的使用了. 输出信号由放大电路放大，经 A/D 转换输入计算机，实现实时数据采集.

同样根据理论分析可知,对结构对称、受载均匀、工况稳定的径向轴瓦,油膜的温度场也可以认为是沿轴向中心线对称分布的,因此本试验将温度测试点分布在另一半轴瓦长度区域内. 并且通过理论分析发现,油膜内最高温度出现在最大压力周向偏后的位置,具体测试点位置如图 4.14 所示.

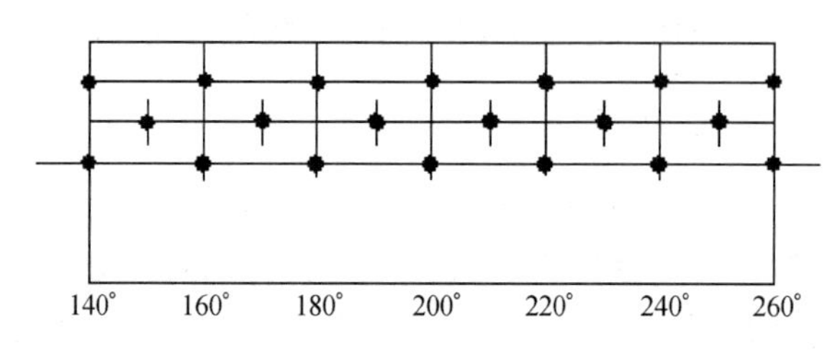

图 4.14 油膜温度场测试点分布

4.2.3 试验过程

4.2.3.1 试验过程介绍

试验系统调试通过后就可进行滑动轴承润滑油膜压力场和温度场分布的测试.

首先保持轴颈转速不变,分别取不同的径向外载荷,在运转稳定以后,记录各测点的压力值和温度值. 取转速 $\omega = 1\,000$ r/min, 外载荷分别为 $W = 2$ kN, 3 kN, 4 kN.

然后改变轴颈转速,再分别取不同的径向外载荷,在运转稳定以后,记录各测点的压力值和温度值. 取转速分别为 $\omega = 800$ r/min, 1 000 r/min, 1 200 r/min.

本次试验过程环境温度为 25℃,进油压力为 0.1 MPa,润滑油采用 30 号透平油.

4.2.3.2 压力场测试结果

根据试验测得的数据,可以得到一组压力场分布的曲线图.

图 4.15、图 4.16、图 4.17 为轴颈转速 800 r/min,径向外载荷分

别为 2 kN、3 kN 和 4 kN 时，弹性金属塑料瓦径向滑动轴承轴瓦表面的压力分布曲线.

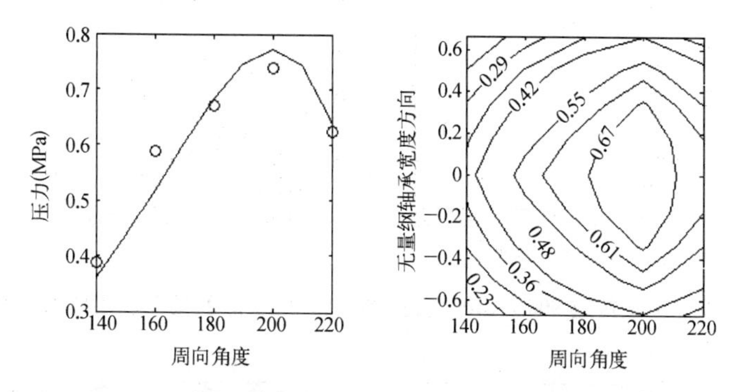

图 4.15　轴颈转速 800 r/min，径向外载荷 2 kN 时的轴瓦表面压力场分布图

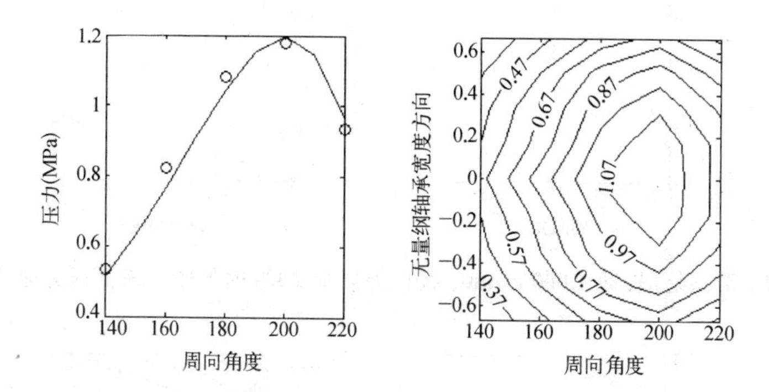

图 4.16　轴颈转速 800 r/min，径向外载荷 3 kN 时轴瓦表面压力场分布图

图 4.18、图 4.19、图 4.20 为轴颈转速 1 000 r/min，径向外载荷分别为 2 kN、3 kN 和 4 kN 时，弹性金属塑料瓦径向滑动轴承轴瓦表面的压力分布曲线.

图 4.21 图 4.22、图 4.23 为轴颈转速 1 200 r/min，径向外载荷分别为 2 kN、3 kN 和 4 kN 时，弹性金属塑料瓦径向滑动轴承轴瓦表面的压力分布曲线.

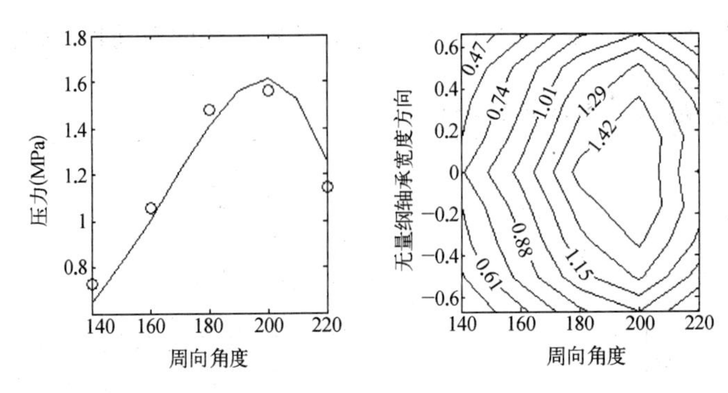

图 4.17 轴颈转速 800 r/min，径向外载荷 4 kN 时的轴瓦表面压力分布图

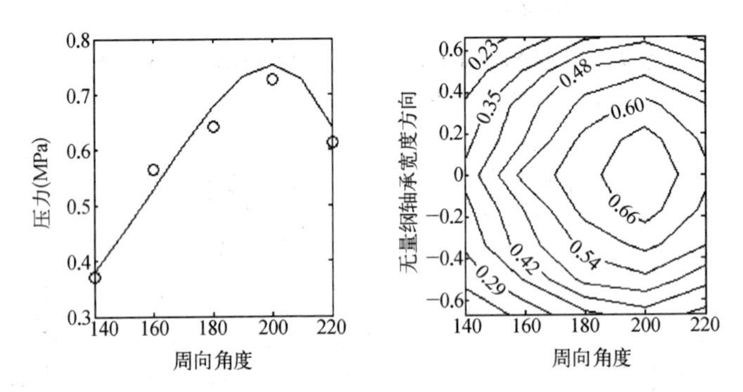

图 4.18 轴颈转速 1 000 r/min，径向外载荷 2 kN 时的轴瓦表面压力分布图

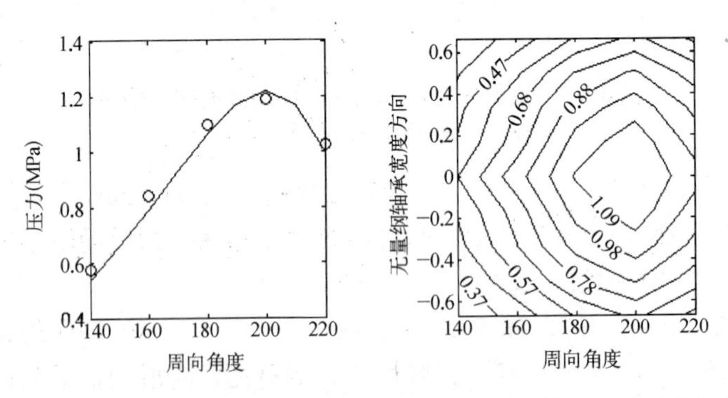

图 4.19 轴颈转速 1 000 r/min，径向外载荷 3 kN 时的轴瓦表面压力场分布图

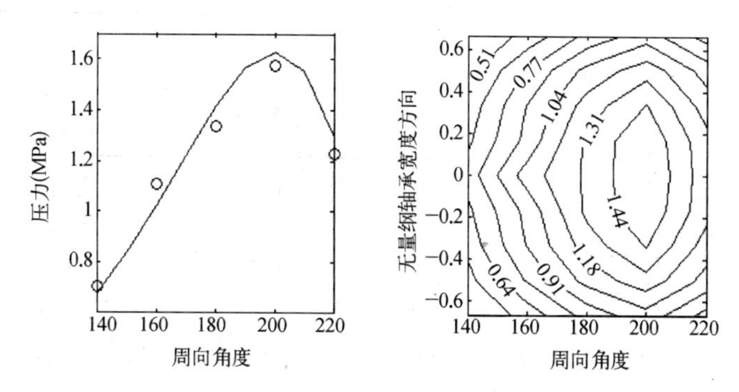

图 4.20 轴颈转速 1 000 r/min，径向外载荷 4 kN 时的轴瓦表面压力场分布图

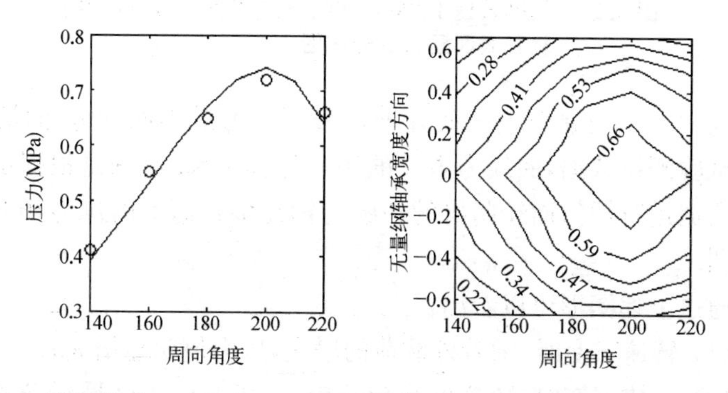

图 4.21 轴颈转速 1 200 r/min，径向外载荷 2 kN 时的轴瓦表面压力场分布图

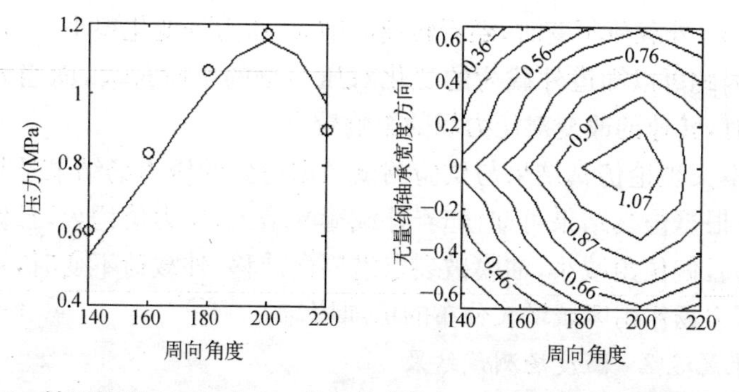

图 4.22 轴颈转速 1 200 r/min，径向外载荷 3 kN 时的轴瓦表面压力场分布图

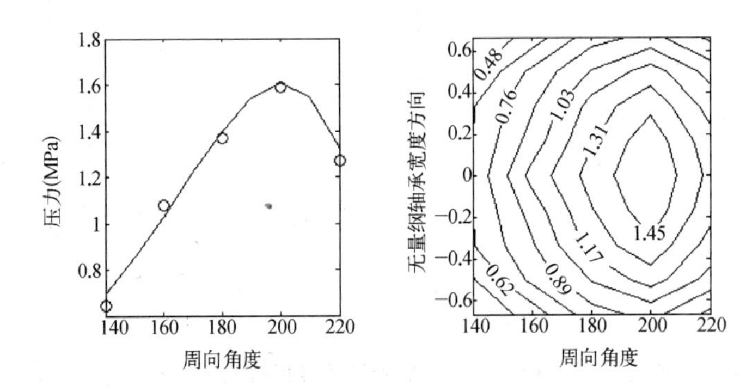

图 4.23　轴颈转速 1 200 r/min，径向外载荷 4 kN 时的轴瓦表面压力场分布图

其中左图是轴向中截面处轴瓦表面压力沿周向的分布曲线，圆点为试验测试数据，曲线为本文的仿真计算结果．右图是根据试验测得的数据进行插值而绘制出的油膜与轴瓦接触面上的压力场分布等高线图．

通过上述图形可以看出：

(1) 转速不变时，随着外载荷的增大，压力值明显增大；

(2) 转速不变时，随着外载荷的增大，压力作用区域沿及轴瓦宽度方向有所扩展；

(3) 外载荷不变时，随着转速的增大，压力场变化很小．

因此可以知道外载荷的变化对压力场的影响很大，而当外载荷不变时，转速的改变对压力场的影响较小．

本文理论仿真结果与试验测试数据得到的压力场结果是基本吻合的．根据仿真结果可知，随着外载荷的增大，压力值增大，且偏心率也增大，偏位角减小，油膜破裂点沿周向前移．外载荷不变时，转速增大，压力场作用区域增大分布的更加均匀．

4.2.3.3　温度场测试结果

根据试验测得的数据，可以得到一组温度分布的曲线图．

图 4. 24、图 4. 25、图 4. 26 为轴颈转速分别为 800 r/min、1 000 r/min和 1 200 r/min 时，不同径向外载荷下，轴向中截面处油膜与轴瓦接触面的周向温度分布曲线图.

其中图 a 径向外载荷为 2 kN，图 b 径向外载荷为 3 kN，图 c 径向外载荷为 4 kN. 圆点为试验测试数据，曲线为本文的仿真计算结果.

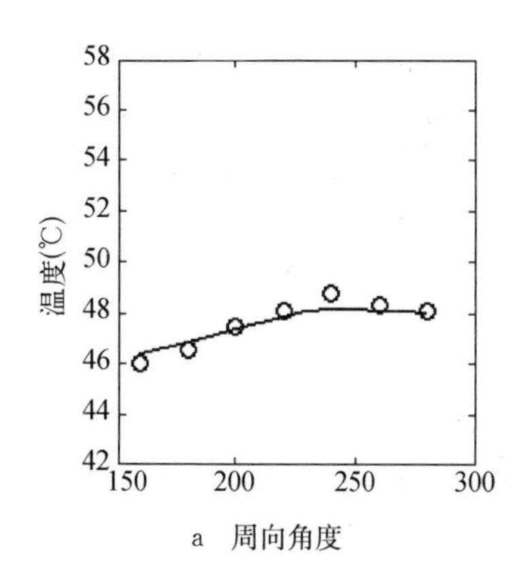

a 周向角度

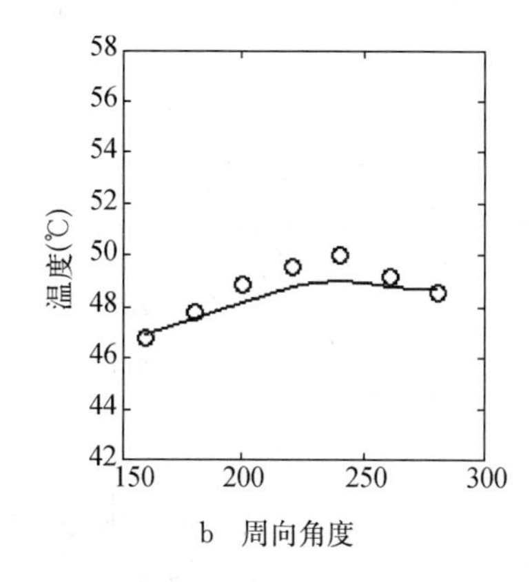

b 周向角度

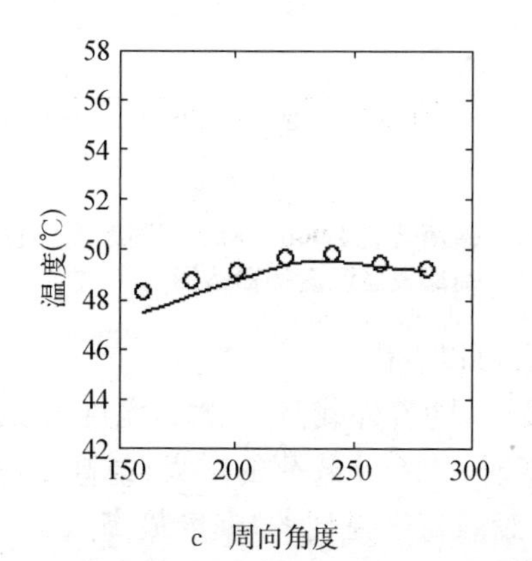

c 周向角度

图 4. 24 轴颈转速 800 r/min 不同径向外载荷下的轴瓦表面温度场曲线图

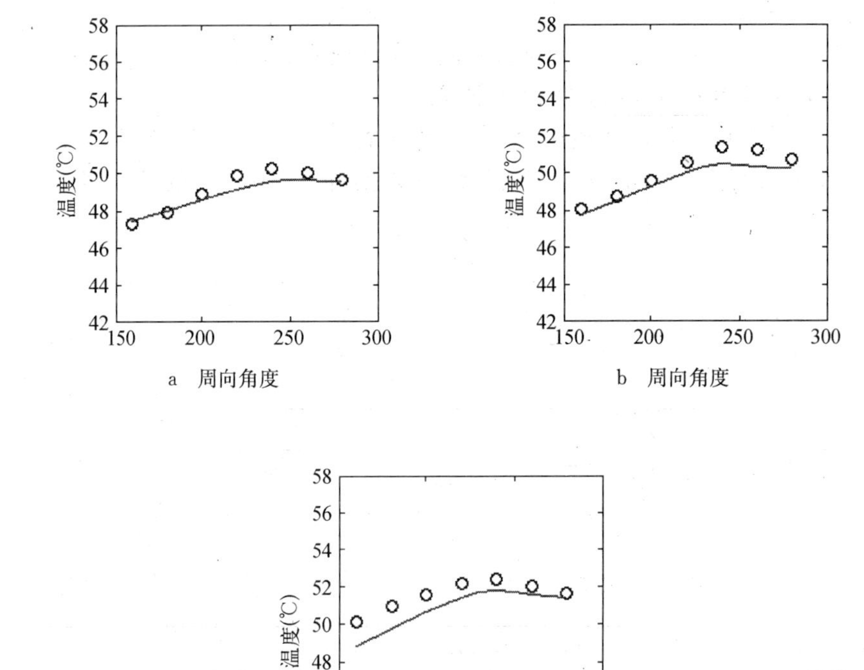

图 4.25 轴颈转速 1 000 r/min 不同径向外载荷下的轴瓦表面温度场曲线图

通过上述图形可以看出：

(1) 转速不变时，随着外载荷的增大，温度值明显升高；

(2) 转速不变时，随着外载荷的增大，最高温度点的位置沿周向向前移动，即如文献[14]中提到的，温度最高点的位置向着与轴颈转动相反的方向变化；

(3) 外载荷不变时，随着转速的增大，温度值升高也很明显.

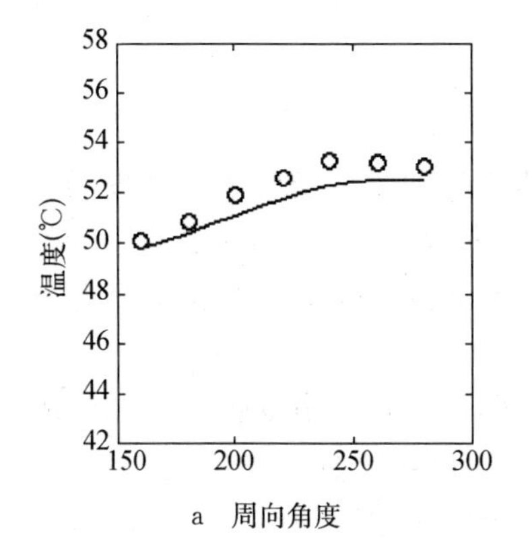

a　周向角度

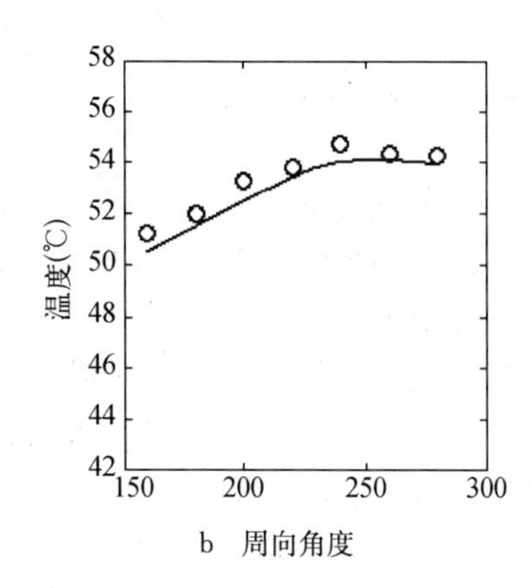

b　周向角度

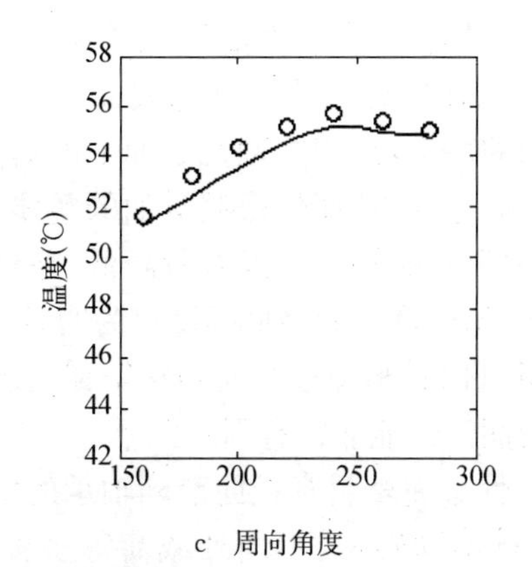

c　周向角度

图 4.26　轴颈转速 1 200 r/min 不同径向外载荷下的轴瓦表面温度场曲线图

因此可知外载荷及轴颈转速的变化对温度场的影响都很大.

根据仿真结果可知,随着外载荷的增大,温度值升高,且其最高温度点沿周向前移.由于考虑了进油口混油作用,所以入口区的油温也是随外载荷的增大、转速的升高而升高的.

本文理论仿真结果与试验测试数据得到的温度场结果是基本吻合的.

4.3 本章小结

根据界面滑移实验得到的滑移速度与油膜剪切应力和外界场压力之间的数学模型,对经典的雷诺方程进行了修正,编制了适用于弹性金属塑料瓦径向滑动轴承的三维热弹流分析软件,考虑了复合材料轴瓦温度场和变形的计算.

详细讨论了边界滑移对弹性金属塑料瓦径向滑动轴承的油膜压力场、温度场等润滑性能的影响作用.通过对比分析看出,在相同载荷情况下,计入边界滑移作用后,最小油膜间隙有所减小,而油膜最大压力值略有增加.

由于聚四氟乙烯材料具有表面能低、不粘性十分明显的特点,所以油膜内的润滑油在弹性金属塑料轴瓦表面会发生边界滑移现象.正是由于滑移作用的产生,油膜在轴瓦表面上的周向速度不再为零,增加了润滑油的周向速度,从而使得润滑油的整体流量增加,摩擦力减小,与未计入边界滑移时相比温度有所降低.并且随着轴承外载荷及轴颈转速的增加,温度升高的降低幅度更为明显.

综合以上分析可以看出弹性金属塑料轴瓦的边界滑移作用对改善径向滑动轴承的润滑性能非常有利.

搭建了测试弹性金属塑料瓦径向滑动轴承的压力场和温度场的试验台架.可以进行不同转速、不同外载荷等多种工况下的试验测量,并实现了对温度的计算机实时采集功能.

应用上述试验装置,对弹性金属塑料瓦径向滑动轴承稳定工作状态下的油膜压力场和温度场进行了多种工况条件的测量.对试验数据进行研究分析,与仿真结果进行对比,两者基本吻合,为理论分析提供了依据,证明了本文按照边界滑移特性对经典求解数学模型的修正是正确的.

第五章　普通金属瓦径向滑动轴承瞬态热弹流分析

对于动压轴承，在正常运转中能够建立起足够的油膜压力，从而避免轴与轴瓦之间的接触. 但是在启动和停机过程中，速度和载荷的变化都非常剧烈，并伴随有强烈振动，很容易使轴与轴瓦之间发生干摩擦，使轴承磨损失效，因此有必要深入研究轴承的瞬态润滑特性.

本章将主要考察在定载荷下，轴承启停过程的特性.

5.1　瞬态热弹流数学模型

采用前文假设的边界条件，可得瞬态工况下的广义雷诺方程为：

$$\frac{\partial}{\partial \Phi}\left(H^3\, \overline{F_2}\, \frac{\partial P}{\partial \Phi}\right)+\left(\frac{D}{L}\right)^2 \frac{\partial}{\partial \bar{z}}\left(H^3\, \overline{F_2}\, \frac{\partial P}{\partial \bar{z}}\right)=\frac{\partial}{\partial \Phi}\left[H \frac{\overline{F_1}}{\overline{F_0}}\right]+\frac{\partial H}{\partial \bar{t}} \tag{5.1}$$

式中：$\bar{t} = t\omega_0$，为无量纲时间项.

三维无量纲能量方程：

$$\begin{aligned}&\frac{\partial \overline{T}}{\partial \bar{t}}+\bar{u}\,\frac{\partial \overline{T}}{\partial \Phi}+\frac{R}{cH}\,\bar{v}\,\frac{\partial \overline{T}}{\partial \bar{r}}+\frac{D}{L}\,\overline{w}\,\frac{\partial \overline{T}}{\partial \bar{z}}\\&=\frac{k_F}{\rho_F\, c_F\, \omega_0 R^2}\left[\frac{\partial^2 \overline{T}}{\partial \Phi^2}+\left(\frac{R}{cH}\right)^2 \frac{\partial^2 \overline{T}}{\partial \bar{r}^2}+\frac{R}{cH}\,\frac{\partial \overline{T}}{\partial \bar{r}}+\left(\frac{D}{L}\right)^2 \frac{\partial^2 \overline{T}}{\partial \bar{z}^2}\right]+\\&\quad\frac{\mu_0 \omega_0 R^2}{\rho_F\, c_F T_0 c^2}\,\frac{\bar{\mu}}{H^2}\left[\left(\frac{\partial \bar{u}}{\partial \bar{r}}\right)^2+\left(\frac{\partial \overline{w}}{\partial \bar{r}}\right)^2\right]\end{aligned} \tag{5.2}$$

轴瓦热传导方程：

$$\frac{\rho_m c_m \omega_0 R^2}{k_m}\frac{\partial \overline{T_m}}{\partial \overline{t}}=\frac{1}{\overline{r_m}^2}\frac{\partial^2 \overline{T_m}}{\partial \Phi^2}+\frac{1}{\overline{r_m}}\frac{\partial \overline{T_m}}{\partial \overline{r_m}}+\frac{\partial^2 \overline{T_m}}{\partial \overline{r_m}^2}+\left(\frac{D}{L}\right)^2\frac{\partial^2 \overline{T_m}}{\partial \overline{z}^2} \tag{5.3}$$

由于轴的旋转作用,所以假定其周向温度梯度为零,并忽略轴向温度变化,得到轴的热传导方程:

$$\frac{\rho_S c_S \omega_0 R^2}{k_S}\frac{\partial \overline{T_S}}{\partial \overline{t}}=\frac{1}{\overline{r_S}}\frac{\partial \overline{T_S}}{\partial \overline{r_S}}+\frac{\partial^2 \overline{T_S}}{\partial \overline{r_S}^2} \tag{5.4}$$

式中无量纲量: $\overline{T_S}=T_S/T_0$, $\overline{r_S}=r_S/R$

其中 T_S 为轴颈温度, r_S 为轴颈径向坐标, k_S、ρ_S、c_S 分别为轴的热传导系数、密度和比热.

轴与油膜交界面温度边界条件为:

$$2\pi k_S\left.\frac{\partial T_S}{\partial r_S}\right|_{r_S=R}=\int_0^{2\pi}k_F\left.\frac{\partial T}{\partial r}\right|_{r=R}\mathrm{d}\Phi \tag{5.5}$$

对于受到垂直向下稳定载荷 W 的轴颈,引入转子的等效质量 m 可得其运动方程为:

$$\begin{aligned}F_h&=m\ddot{x}\\F_v-W&=m\ddot{y}\end{aligned} \tag{5.6}$$

其他方程及边界条件与稳态工况下相同.

5.2 数值计算

5.2.1 离散格式

要了解滑动轴承的瞬态润滑特性,需要联立求解上述各方程组.各微分方程对空间上的导数项仍然可以采用稳态求解的离散格式.

非稳态项的离散如果采用向前差分,即从已知的初始值出发,根据边界条件依次求得以后各个时间层上的值,而不必求解联立方程,如此便构成了显式差分格式.这种方法比较简单,计算工作量小,但是是条件稳定的,对时间步长及空间步长有一定的限制,否则在步进过程中计算误差有可能会放大、扩散,出现不合理的结果.

另外还有Crank-Nicolson格式,该格式属于非全隐格式.然而数学上认为是稳定的初值问题的差分格式,未必能保证在所有的时间步长下均获得具有物理意义的解.C-N格式就是一个例子,按数学上稳定性的要求,它是绝对稳定的.但是当时间步长大于一定数值时,由C-N格式所求得的解会出现不合理的情况.为了获得具有物理意义的解,最大的时间步长仍要受到限制,这是采用有限差分非全隐格式时应注意的地方.当物理问题本身要求采用较小的时间步长时,采用C-N格式可以比显式或全隐格式获得更合理的结果,前者对时间变量具有二阶截差,而后两种格式则均为一阶[116-122]..

若非稳态项采用向后差分,即按照后一时层的值,通过求解联立方程得到各节点的值,就构成了隐式差分格式.它的缺点是格式较复杂,计算工作量大.

由上看来,虽然隐式格式的计算工作量大,但它的数值计算过程是绝对收敛的,对步长没有限制,不会出现解的振荡现象,为此本文即选用后差格式.

5.2.2 多重网格求解压力场

由于在轴承启动初期和停机后期,压力场的变化剧烈,将会给数值求解过程带来困难.特别在弹性金属塑料瓦径向滑动轴承动态分析中,由于轴瓦的热弹变形使求解更为困难.因此本文决定采用在弹性流体动力润滑领域研究使用的较为活跃和有效的多重网格法(Multigrid Method)[123-129].

多重网格法的基本思想是由前苏联人Fedorenko于1962年提出的,并就规则区域上的Poisson方程研究了该方法的收敛性.1966年,Bakhvalov提出多重网格法与套迭代相结合的思想,并就规则区域上二阶变系数椭圆形方程证明了多重网格法的收敛性.1970年后,经

Brandt，Nicolaides 等人的系统研究，多重网格法发展得十分迅速[130]. 80 年代以后，多重网格学科的基本核心，包括基本原则、传统应用及理论都已建立，出现了一系列的多重网格法的文章和专著[131-138]. 它和有限元法及有限差分法结合，已经成为求解线性和非线性偏微分方程最有效的方法之一.

多重网格法广泛应用于微分方程和积分方程的数值解，特别是椭圆形偏微分方程，已从理论上被证明至少对于线性椭圆形问题是一种最优化的数值方法. 除此之外，还可应用于求解抛物线形问题和其他依赖于时间的问题、本征值问题、分歧问题、非线性问题和直接用于无几何意义的代数方程组(称为代数多重网格法). 它是一种通用的非常有效的特殊类型的迭代法，已相当成功地应用于流体计算、结构力学计算和高度非线性的半导体器件模拟计算等领域.

5.2.2.1 多重网格法的基本思想

在离散求解偏微分方程时，选择合适的网格常常是困难的，使用稀疏的网格得到的解误差太大，而且对非线性问题常得不到收敛的解；使用稠密的网格则会导致代数方程组过大，因而计算时间过长. 多重网格法可以特别有效地克服上述困难. 其收敛速度与网格的尺度大小无关，当离散网格步长变小时，它的收敛速度并不减慢，而经典的迭代法会随步长的变小而变慢. 因此，多重网格法达到问题预定精度所需的计算工作量仅与网格节点数的一次方成正比，要比一般迭代法有效得多.

多重网格法是面向用迭代方法解大型代数方程组而提出的. 已经验证，用迭代方法解代数方程组时，近似解与精确解之间的偏差可以分解为多种频率的偏差分量，其中高频分量在稠密的网格上可以很快的消除，而低频分量只有在稀疏的网格上才能很快的消除. 采用此法时可先在较细的网格上进行迭代，以把短波误差分量衰减掉，然后再在较粗一点的网格上进行迭代，以把次短波误差分量衰减掉. 如此逐步使网格变得越来越粗，以把各种波长的误差分量基本上都消去. 到最后一层粗网格时，节点数已经不多，可以采用直接解法. 然后再由粗网格依次返回到各级细网格上进行计算，如此反复数次，最后在最细的网格上获得所需的解. 所以多重网格法的基本思想就是,对于同一问题,轮流在稠密网格和稀疏网格上进行迭代,从而使高频偏差分量和低频偏差分量都可以得到比较均匀的衰减,从而很快的消除,加快了迭代收敛的速度,以最大限度地减少数值运算的工作量. 对于在每一层网格上的迭代计算,则仍可采用各类迭代方法[139,140].

5.2.2.2 限制和延拓

$$A^h u^h = f^h \tag{5.7}$$

对于(5.7)式方程组,应用多重网格法求解时,解题过程的中间结果必须在层与层之间不断转移. 在相邻两层网格之间,把结果从较稠密的网格 Ω^h 上转移到较稀疏的网格 Ω^{2h} 上的操作叫做限制,通过限制算子 I_h^{2h} 实现;而反之称为延拓,通过插值算子 I_h^{2h} 实现. 对于一维问题的完全加权限制算子和线性插值算子的操作原理见图 5.1 和图 5.2.

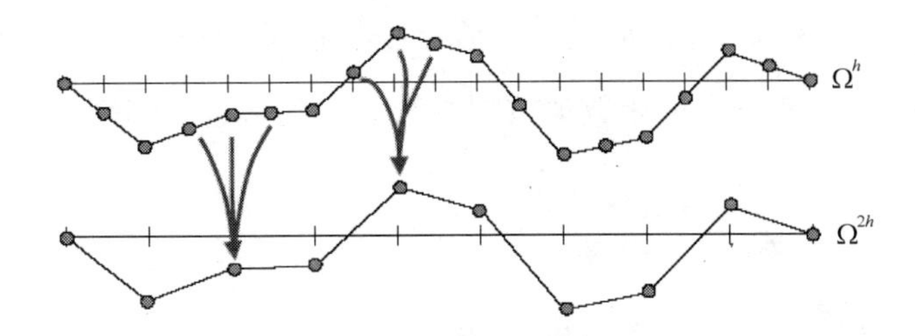

图 5.1　完全加权限制算子操作原理图

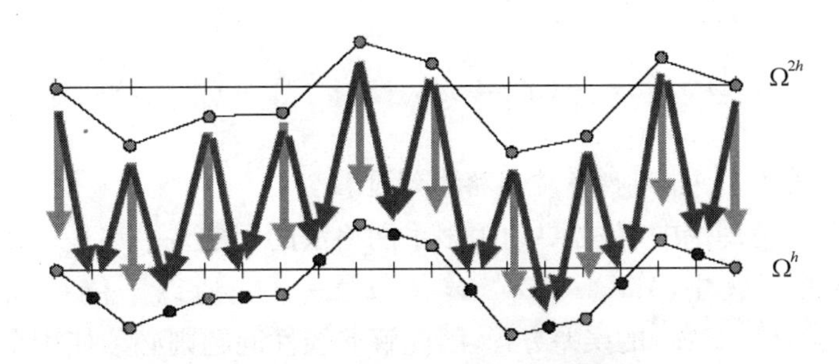

图 5.2　线性插值算子操作原理图

本文求解的压力场为二维问题，采用九点星模式的完全加权限制算子及插值算子，其定义如下：

$$I_h^{2h} \triangleq \begin{pmatrix} \frac{1}{16} & \frac{1}{8} & \frac{1}{16} \\ \frac{1}{8} & \frac{1}{4} & \frac{1}{8} \\ \frac{1}{16} & \frac{1}{8} & \frac{1}{16} \end{pmatrix} \qquad I_{2h}^{h} \triangleq \left)\begin{matrix} \frac{1}{4} & \frac{1}{2} & \frac{1}{4} \\ \frac{1}{2} & 1 & \frac{1}{2} \\ \frac{1}{4} & \frac{1}{2} & \frac{1}{4} \end{matrix}\right($$

由完全加权限制算子，粗网点上的函数值与周围细网点上函数值的关系如下：

$$u_{i,j}^{2h} = \frac{1}{16}[u_{2i-1,\,2j-1}^{h} + u_{2i+1,\,2j-1}^{h} + u_{2i-1,\,2j+1}^{h} + u_{2i+1,\,2j+1}^{h} + 2(u_{2i,\,2j-1}^{h} + u_{2i-1,\,2j}^{h} + u_{2i+1,\,2j}^{h} + u_{2i,\,2j+1}^{h}) + 4u_{2i,\,2j}^{h}] \tag{5.8}$$

由插值算子，粗网上的函数值按权系数分配到邻近的细网点上去，关系如下：

$$\begin{cases} u_{2i-1,\,2j-1}^{h} = u_{i,j}^{2h} \\ u_{2i,\,2j-1}^{h} = \frac{1}{2}(u_{i,j}^{2h} + u_{i+1,j}^{2h}) \\ u_{2i-1,\,2j}^{h} = \frac{1}{2}(u_{i,\,j}^{2h} + u_{i,\,j+1}^{2h}) \\ u_{2i,\,2j}^{h} = \frac{1}{4}(u_{i,j}^{2h} + u_{i+1,\,j}^{2h} + u_{i,\,j+1}^{2h} + u_{i+1,\,j+1}^{2h}) \end{cases} \tag{5.9}$$

5.2.2.3　非线性多重网格求解过程

在润滑理论中，有必要动用多重网格法的问题几乎都是非线性问题，该类问题中 $A^h u^h - A^h v^h \neq A^h(u^h - v^h)$，所以不能得到形如 $A^h \bar{u}^h = f^h - A^h v^h$ 的误差方程，因此解非线性问题则必须使用全近似格式 FAS(Full Approximation Scheme)，这种格式同样适用于线性问题.计算过程中在不同疏密程度的网格上所传递的是待求量 u^h 本身而不是其修正值,将其求解表示为 $u^h \leftarrow MFAS^h(u^h, f^h)$,具体过程如下:

(1) 前光滑:给定初值 u^h,在 Ω_M 上作 $\alpha_1(\geqslant 1)$ 次非线性松弛得到 v^h.

(2) 粗网格修正:

1) 限制近似解　$v^{2h} = I_h^{2h} v^h$

2) 计算亏损量　$r^h = f^h - A^h u^h$

3) 限制亏损量　$r^{2h} \leftarrow I_h^{2h} r^h$

4) 计算右端项　$f^{2h} = A^{2h} v^{2h} + r^{2h}$,在 Ω_{M-1} 上求解非线性亏损方程 $A^{2h} u^{2h} = f^{2h}$,即 $u^{2h} \leftarrow MFAS^{2h}(u^{2h}, f^{2h})$.以 u^{2h} 为初值,作 $M-1$ 层 FAS 网格法的 γ 型迭代.

5) 计算 Ω_{M-1} 上的修正量　$e^{2h} = u^{2h} - I_h^{2h} v^h$

6) 插值修正量并修正 v^h　$v^h \leftarrow v^h + I_{2h}^h e^{2h}$

(3) 后光滑:在 Ω_M 上以修正后的 v^h 为初值作 α_2 次迭代得 u^h

图 5.3 是 $\alpha_2 = 0$ 时的非线性两层网格法的计算流程图.如果只通过一个 V 循环或 W 循环求得的解还不能满足精度要求时,可以在循环结束后以得到的值作为下一个循环开始时的初值,继续循环下去,直到得到合乎精度要求的解为止.

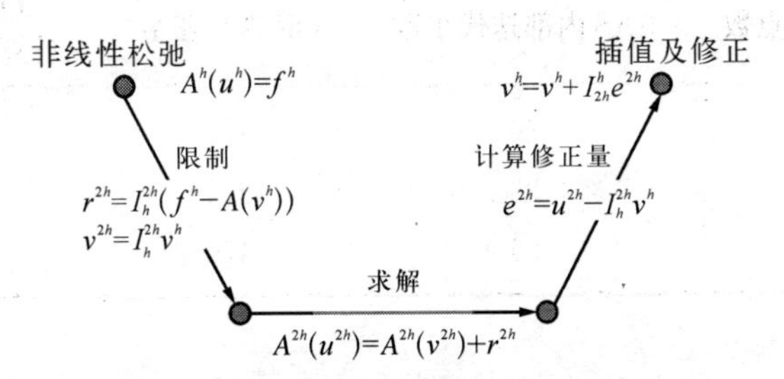

图 5.3　非线性两层网格法计算流程图

针对以上分析,考虑到本文要求解问题的特点,因此决定采用 FAS 格式的多重网格方法.虽然 V 循环比 W 循环的计算量经济得多,但是数值稳定性不如 W 循环,特别是对于非线性很强的问题,W 循环的优越性更加显著,所以本文采用4层W循环,具体循环结构如图5.4所示.

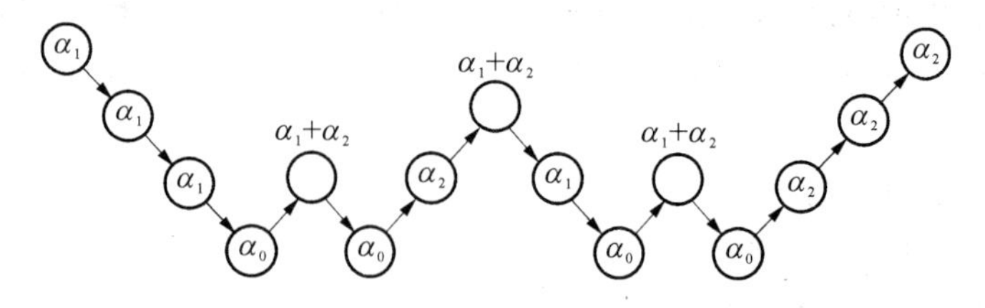

图5.4　本文采用的4层W循环

下面以稳态压力场的求解为例,对传统的松弛迭代(OR)方法和多重网格(FAS格式)法进行比较.

表5.1给出了两种方法的对比结果,表中两方法都采用同样的收敛精度判据,周向网格点数对多重网格法而言指的是最细层的网格点数.通过表中数据可以看出,随着网格点数的增加,FAS法在保持同一迭代步数的情况下就可以达到收敛精度.而OR法的迭代收敛步数却随网格数的增加而飞快的增长,从而大大增加了计算工作量,使所需的计算时间比FAS法越来越长.

表5.1　OR法与FAS法的计算结果比较

周向网格点数	FAS内部迭代步数	OR迭代步数	OR、FAS计算时间之比
33	36	155	3.3
65	36	224	6.0
129	36	476	18.6

5.2.3　瞬态热弹流计算过程

时变润滑问题一般都采用逐个瞬时步进的方法来求数值解.要求在每一瞬时点上,都在压力和温度之间反复迭代,直到该瞬时两者完全相容(由温度得到的压力反过来又可得到相同的温度;或由压力得到的温度反过来又可得到相同的压力)，才转入下一瞬时的. 本文重点考察的是轴承在启动和停机过程中的润滑特性，通过其工况条件如速度的改变而过渡到下一工况，这就需要求解一个初值时变润滑问题，其中不存在周期性性质可以利用，因此在每一瞬时点上都必须在压力与温度之间反复迭代，计算工作量都与求一组稳态解差不多，所以求解本文的时变问题工作量非常大. 从数学角度上看，由轴瓦温度的控制方程(5.3)式，其时间导数项的系数数量级为 10^5，时间导数项本身是一个小量，说明轴瓦的温度变化相对于压力变化而言是很缓慢的，因此在求解过程中，可以在压力场、油膜温度场经过几轮计算后，再计算一次轴瓦的温度场，以此来适当减小工作量.

在迭代过程中，先设定初始时刻的各项参数. 对于启动过程，初始时由于重力作用，转子应处于轴瓦底端最大偏心处. 而轴承的稳定工作状态，可以作为停机过程的初始状态，然后计算相应的压力分布和温度分布，再求出轴瓦的热弹变形，计算新的油膜厚度，这样重复计算，直到压力分布和温度分布以及变形分布收敛. 再根据转子的运动方程，通过四阶龙格-库塔法求出转子在下一时刻的位置，将上一时刻的计算结果作为初始值进行新的一轮迭代. 整个计算流程见图 5.5.

在轴承瞬态热弹流仿真分析中，数值计算技巧往往是仿真成败的关键，本研究采用了两个核心技巧：

(1) 变量代换法

为了保证压力场的成功求解，本文采用如下代换：

$$\widetilde{P} = H^{3/2} P \tag{5.10}$$

代入雷诺方程(5.1)式，得到以$\widetilde{P}$为待求函数的新方程：

$$\frac{\partial^2 \widetilde{P}}{\partial \Phi^2} + \left(\frac{D}{L}\right)^2 \frac{\partial^2 \widetilde{P}}{\partial Z^2} + \frac{1}{\overline{F_2}} \frac{\partial \overline{F_2}}{\partial \Phi} \frac{\partial \widetilde{P}}{\partial \Phi} + S_p \widetilde{P} = \frac{H^{-3/2}}{\overline{F_2}} \left[\frac{\partial}{\partial \Phi} \left(H \frac{\overline{F_1}}{\overline{F_0}} \right) + \frac{\partial H}{\partial \bar{t}} \right] \tag{5.11}$$

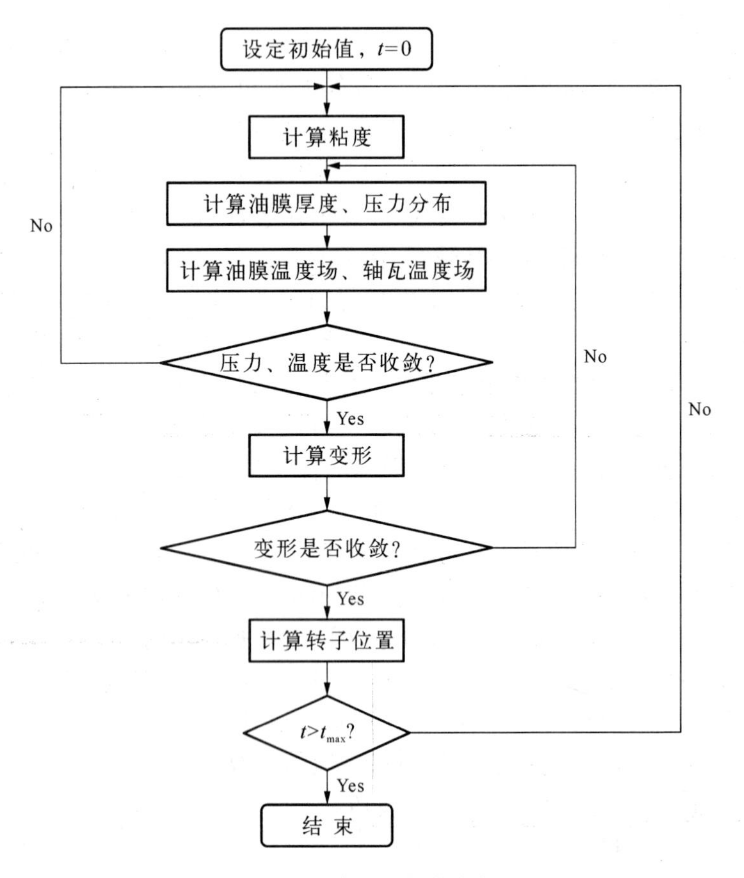

图 5.5　瞬态分析程序流程图

式中：

$$S_p = -\frac{3}{4}\widetilde{P}\left[\frac{2}{H}\frac{\partial^2 H}{\partial \Phi^2} + 2\frac{1}{\overline{F_2}H}\frac{\partial \overline{F_2}}{\partial \Phi}\frac{\partial H}{\partial \Phi} + \frac{1}{H^2}\left(\frac{\partial H}{\partial \Phi}\right)^2\right]$$

由上式求得$\widetilde{P}$后，最终得到油膜压力 P. 该变换的基本思想就是对待求函数进行平滑，提高方程的收敛性能，使得数值求解过程可以进行下去.

（2）自适应变步长法

在计算过程中，要对每一步的转子位置变化增量进行限制，避免因其值过大而造成轴心轨迹曲线出现严重失真的情况. 同时为了使收敛速度不至于太慢,把时间步长设置成一个浮动的量,如果位置变化增量超过限定值,则本次迭代无效,缩小时间步长,然后重复上次迭代直到满足限定要求. 若位置变化增量太小,使得迭代次数过多,则增大时间步长,再做下一次迭代. 在实际的程序运行中,发现这种方法是相当有效的. 特别是在停机过程的后期,如果按照同一时间步长进行计算,很容易使求解发散,得到转子在停机位置附近发生等幅振荡的错误结果. 而如果在刚开始减速的初始阶段就使用较小的时间步长,就会毫无必要的大大延长计算时间.

5.2.4 算例一——轴心轨迹计算验证

国外文献[32]对定常外载荷下的径向滑动轴承的启动和停机过程进行了试验研究,给出了几种转速、轴承间隙和外载荷情况下的实测轴心轨迹(见图 5.6),为了验证本文的数学模型和数值算法的有效性,现对其中不同半径间隙和外载荷下的两种工况进行比较,具体仿真参数见表 5.2.

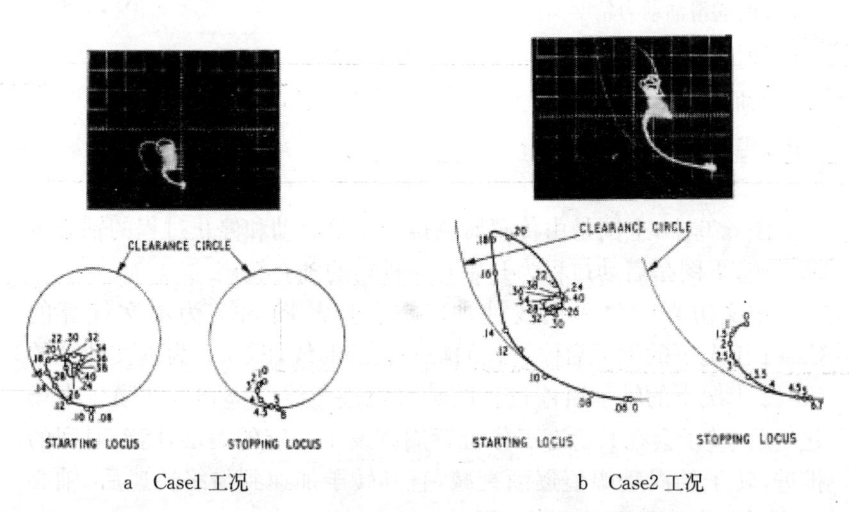

a Case1 工况　　　b Case2 工况

图 5.6 文献[32]的轴承启停过程轴心轨迹的试验测试结果

表 5.2　文献[32]的轴承结构和工况参数

轴承结构和工况参数	Case1	Case2	单位
半径间隙 c	0.060 5	0.176 5	mm
外载荷 W	4 630	1 510	N
轴承直径 D	74.526		mm
轴承宽度 L	76.2		mm
轴瓦厚度 B	10		mm
轴颈转速 ω	850		r/min
轴瓦热传导系数 k_m	40		W/m · K
润滑油比热 c_F	2 000		J/kg · K
润滑油密度 ρ_F	870		kg/m^3
润滑油热传导系数 k_F	0.13		W/m · K
换热系数 h_a	80		W/m^2 · K
20℃时润滑油动力粘度 μ_1	0.074		Pa · s
60℃时润滑油动力粘度 μ_2	0.014		Pa · s
入口油温 T_0	40		℃
环境温度 T_a	25		℃

图 5.6 中，上图是由传感器测得的完整启动和停止过程的轴心运动轨迹，下图是启动过程为开始 0.4 秒内的轴心轨迹.

本文仿真时也采用线性加、减速过程，图 5.7 为本文计算的 Case1 工况下的轴承启停过程的轴心轨迹曲线，图 5.8 为本文计算的 Case2 工况下的轴承启停过程的轴心轨迹曲线. 启动时，油膜压力场建立后，转子会在其稳态工作位置周围发生一定的涡动，随着时间的推进，转子的涡动幅值逐渐衰减，直到转子加速到最终转速后，轴心轨迹逐渐收敛至稳态工作位置.

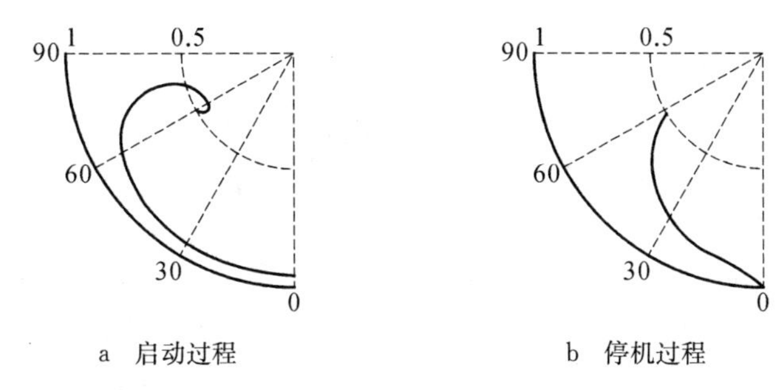

图 5.7 本文计算的轴承启停过程的轴心轨迹——Case1

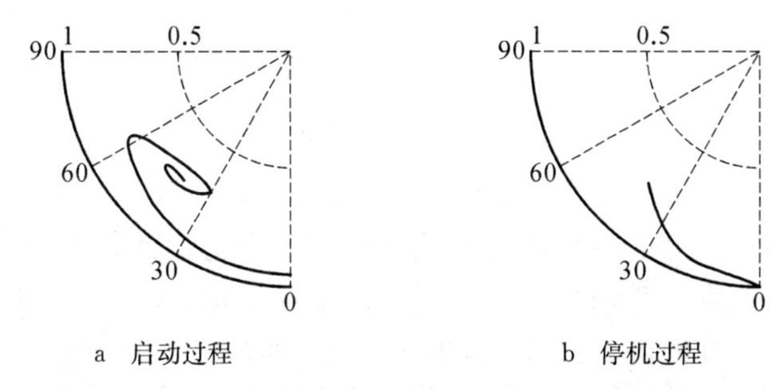

图 5.8 本文计算的轴承启停过程的轴心轨迹——Case2

图 5.9 为本文计算的 Case1 和 Case2 两种工况启动过程中，转子中心偏心率随着计算步数的收敛情况. 由图可知，转子并不是直接单调上升至其稳定工作状态，都会发生一定的超调振荡，然后才逐渐收敛至平衡位置. 通过两种工况的对比可以看到，Case2 工况的收敛要比 Case1 工况的收敛缓慢，由于其外载荷要小于 Case1 工况，因此转子加速度对油膜力变化产生的作用反应较敏感，不能像 Case1 重载情况下的加速度那样缓慢持续的变化，从而使得 Case2 工况下的转子轴心位置产生相对较大的振荡，然后逐渐衰减至稳定位置.

通过图 5.6、图 5.7、图 5.8 的对比，本文的计算结果与试验测试结果吻合，证明本文的数学模型及计算程序是正确的.

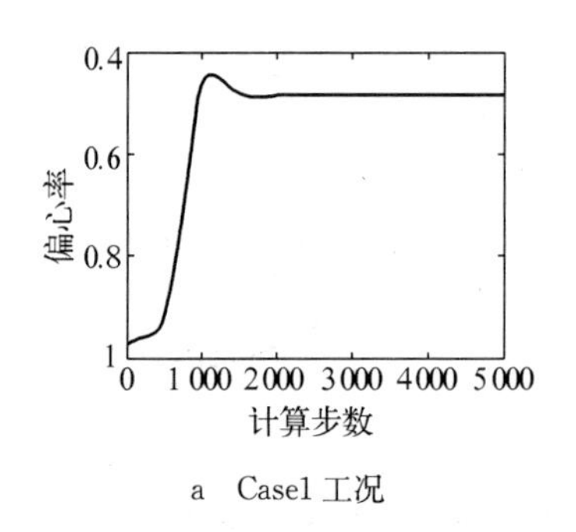

a Case1 工况

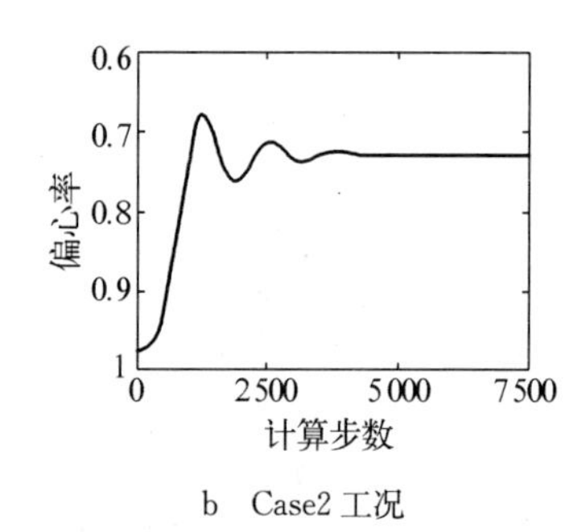

b Case2 工况

图 5.9 本文计算的转子中心偏心率收敛情况

5.2.5 算例二 —— 温度场计算验证

文献[32]中只给出了轴心轨迹的分布情况，但是轴承的瞬态热效应也是考察轴承运行性能的一个重要因素，文献[41]中对固定外载荷下的径向滑动轴承进行了试验研究及理论计算分析，而该文作者主要是侧重了对轴承启动过程中温度场变化的研究. 为此通过与该文献中的算例进行比较，恰好可以进一步验证本文模型算法对轴承瞬态热效应计算的正确性. 具体仿真参数见表 5.3.

表 5.3 文献[41]的轴承结构和工况参数

轴承结构和工况参数	数　值	单　位
轴颈半径	50	mm
轴承宽度	80	mm
轴承外圆半径	100	mm
20℃时半径间隙	0.123	mm
轴颈转速	1 600	r/min
外载荷	4 000	N
轴颈、轴瓦、润滑油热传导系数	50, 65, 0.13	W/m・K
轴颈、轴瓦、润滑油比热	490, 380, 2 000	J/kg・K

续 表

轴承结构和工况参数	数 值	单 位
轴颈、轴瓦、润滑油密度	7 700, 8 940, 870	kg/m^3
轴颈、轴瓦热膨胀系数	1.2, 1.7	$10^{-5}\ K^{-1}$
轴颈、轴瓦泊松比	0.3, 0.33	—
轴颈、轴瓦弹性模量	21, 12	10^4 MPa
换热系数	100	$W/m^2 \cdot K$
固液换热系数	700	$W/m^2 \cdot K$
30℃时润滑油动力粘度	0.050	Pa · s
粘温系数	0.064 84	K^{-1}
入口油温	30	℃
环境温度	30	℃

图 5.10 为文献[41]中作者实验测得和理论计算出的轴承启动过程中,不同时刻下油膜与轴瓦接触面上的周向温度分布情况. 文中同样采用线性加速过程,加速时间取为 7 秒钟,图中给出的是从 30 s 开

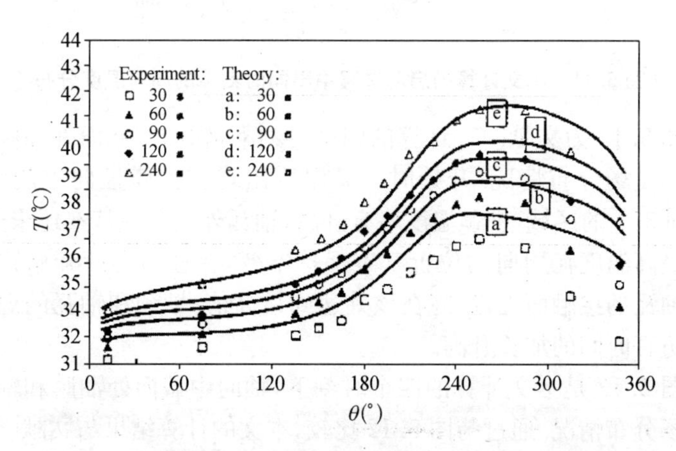

图 5.10 文献[41]中启动过程不同时刻下的周向温度分布

始以后的温度分布，因此是转子已经达到稳定转速下的结果，这表明温度场趋向稳定的动态过程比较缓慢.

由图可见，30 s 时温度场已经基本建立起来，随着时间的推进温度不断升高，最高温度始终保持在 240°到 300°的区间范围内. a、b、c、d 四条曲线的时间间隔均为 30 s，由图可以看出四条曲线之间的间隔逐渐减小，说明开始时温度升高较快，然后温度升高速度逐渐放慢.

图 5.11 是本文计算的启动过程中，不同时刻下油膜与轴瓦接触面上的周向温度分布. 通过与图 5.10 比较可以看出，本文计算的温度场的收敛趋势及变化特征，与文献[41]的结果是吻合的.

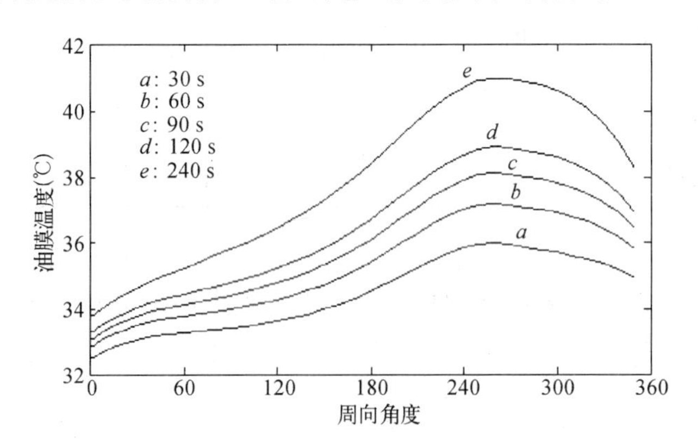

图 5.11　本文计算的启动过程中不同时刻下的周向温度分布

图 5.12 为文献[41]计算的四个时刻下，轴向中截面处油膜和轴瓦的温度场分布情况. 开始时最高温度出现在油膜径向中间、周向 240°到 300°的区域，轴颈温度略有升高，轴瓦外层温度基本还未升高. 之后最高温度在周向的位置基本保持不变，在径向逐渐开始移向油膜与轴瓦的接触面处，最终在该处达到最高值. 轴颈和轴瓦的温度也随着仿真时间的加长升高.

图 5.13 是本文计算的四个时刻下，轴向中截面处油膜和轴瓦的温度场分布情况. 通过与图 5.12 比较，本文的计算结果与文献[41]的结果基本吻合.

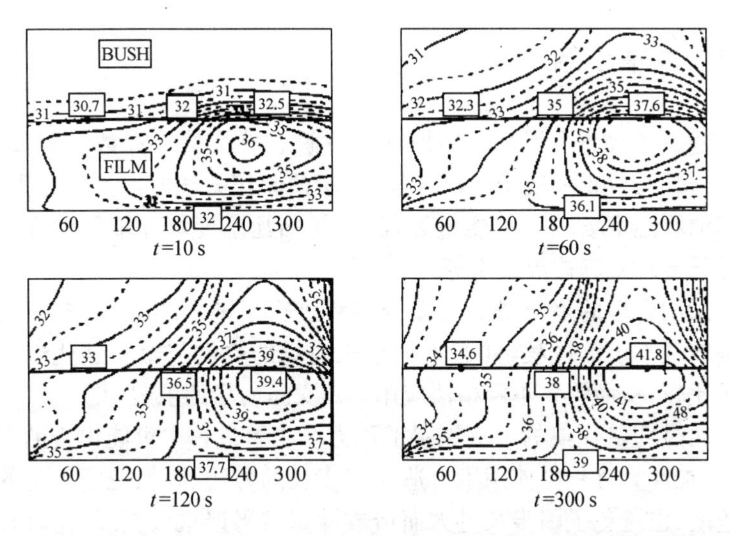

图 5.12　文献[41]中启动过程不同时刻下油膜轴瓦温度场分布图

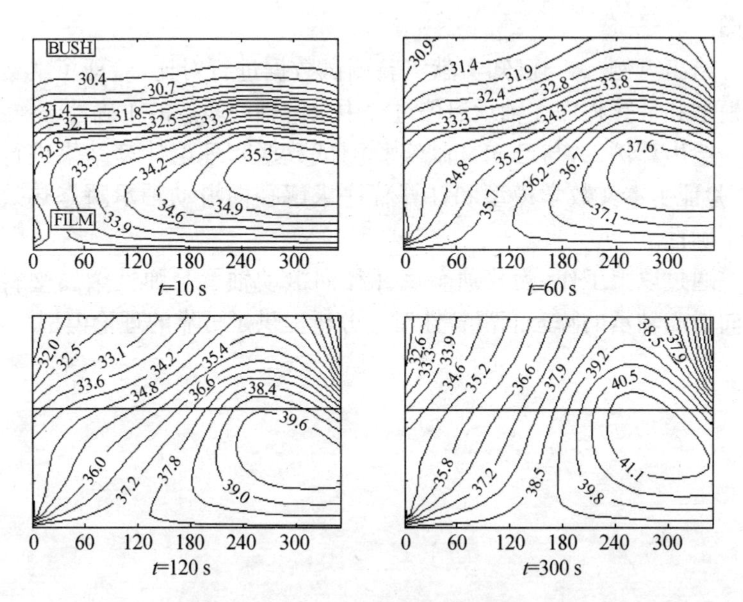

图 5.13　本文计算的启动过程不同时刻下油膜轴瓦温度场分布图

5.3 本章小结

建立了普通金属瓦径向滑动轴承瞬态特性的计算数学模型，包括求解轴心位置的转子运动方程、求解油膜压力场的广义雷诺方程、求解油膜温度场的三维能量方程、求解轴瓦温度场和轴颈温度场的热传导方程及其边界条件等.

采用合理的差分格式对微分方程进行了离散. 介绍了多重网格方法的基本求解过程，并通过稳态压力场的算例与松弛迭代方法进行了比较，从而将多重网格法应用到本文压力场的求解中.

通过变量代换的方法克服了压力场求解过程中可能出现的发散问题. 在计算过程中使用了自适应变步长的方法，既保证了一定的收敛速度，也避免了因步长过大而造成计算结果严重失真. 根据轴瓦温度变化相对缓慢的特点，简化了计算过程，给出了瞬态过程分析的流程图.

给出算例一，与已知文献实验测试数据进行对比，验证了本文数学模型和计算程序在轴承启停过程中求解轴心轨迹的正确性.

给出算例二，与已知文献实验测试数据和理论计算结果进行对比，验证了本文数学模型和计算程序求解径向滑动轴承瞬态热效应的正确性.

通过以上工作，为普通金属瓦径向滑动轴承与弹性金属塑料瓦径向滑动轴承的瞬态润滑特性对比分析提供了可靠的理论模型.

第六章　弹性金属塑料瓦径向滑动轴承瞬态热弹流分析

在本文第四章的稳态三维热弹流分析模型中加入时间项，再参照第五章中的动态分析方法，就可以进行弹性金属塑料瓦径向滑动轴承的瞬态热弹流分析，具体数学模型及求解过程不再详述.

本章仍采用表 4.2 中的弹性金属塑料瓦径向滑动轴承的结构和工况参数，其中取轴颈转速 $\omega = 1\,200\,\mathrm{r/min}$，外载荷 $W = 4\,\mathrm{kN}$. 分析中将计算结果与相同结构尺寸及工况条件的金属瓦轴承进行比较，揭示金属瓦与弹性金属塑料瓦径向滑动轴承的瞬态润滑特征的不同.

6.1　两类径向滑动轴承启动过程的比较

启动过程采用线性加速方式，取启动时间为 10 秒钟，根据前一章的分析可知，轴颈的加速是个相对较短的过程，而整个油膜温度场达到稳定却需要较长的时间.

6.1.1　启动过程温度场的比较

图 6.1 是金属瓦径向滑动轴承在启动过程中四个不同时刻下油膜和轴瓦的温度场分布等高线，FILM 为油膜区域，M-BUSH 为金属轴瓦区域. 从图中可以看出，启动 50 s 后，油膜及轴瓦的温度场已经建立起来，图中所显示的最高油膜温度为 49.7℃，发生在周向 250°左右的位置. 热量已经完全传递至轴瓦外表面各处，并且其最高温度已经高于轴颈温度. 随后温度场继续变化，最高油膜温度点向周向下游及油膜与轴瓦的接触面方向逐渐移动，轴瓦及轴颈的温度也持续升高，直到 300 s 时基本稳定. 这时油膜最高温度点周向位置在 250°

至 300°之间,径向约在油膜与轴瓦的接触面上.金属轴瓦的热传导作用非常明显,同一周向位置处轴瓦的内外表面温差不是很大,其外表面最高温度要高于轴颈温度.

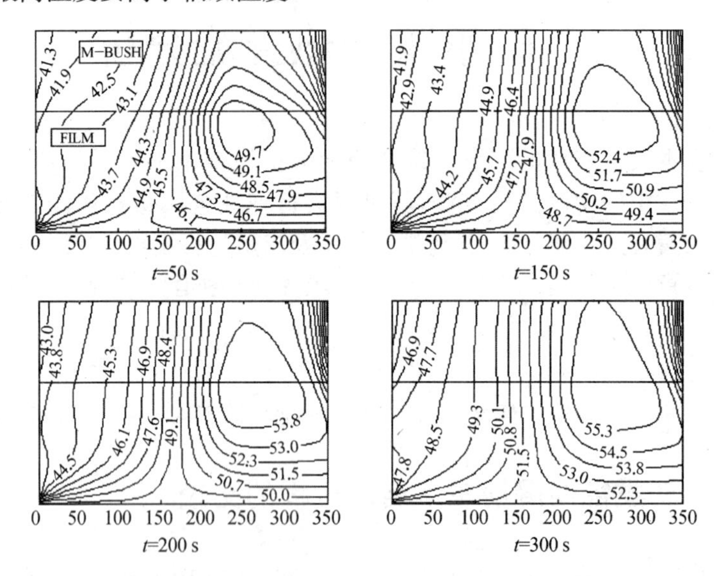

图 6.1　金属瓦径向滑动轴承启动过程不同时刻下油膜轴瓦温度场分布图

图 6.2 是采用弹性金属塑料瓦径向滑动轴承时在启动过程中,四个不同时刻下油膜和轴瓦的温度场分布等高线.其中 FILM 为油膜区域,E-BUSH 为弹性金属塑料轴瓦区域.从图中可以看出,启动到 50 s 时,显示的最高油膜温度为 49.1℃,要低于金属瓦的情况,周向位置明显比金属瓦向下游偏移,径向直接处于油膜与轴瓦的接触面上.热量在弹性金属塑料轴瓦内传递缓慢,轴瓦外表面温度刚刚达到进油温度,要远远小于同一时刻金属瓦的外表面温度.此时轴颈温度要高于轴瓦外表面温度,低于轴瓦内表面温度,并且要低于采用金属轴瓦时的轴颈温度.此后随着运行时间的推移,油膜和轴瓦的温度继续升高,最高温度点沿周向稍有后移,径向位置保持不变,轴瓦温度上升缓慢.运行到 300 s 温度场基本稳定时,最高油膜温度点周向在

250°至300°之间，径向位置基本在油膜与轴瓦的接触面上. 同一周向位置处，弹性金属塑料瓦内外表面的温差较大，明显大于采用金属瓦时的情形. 轴瓦外表面温度稍有升高，始终低于轴颈温度. 可以看出整体温度场均小于采用金属轴瓦时的温度场.

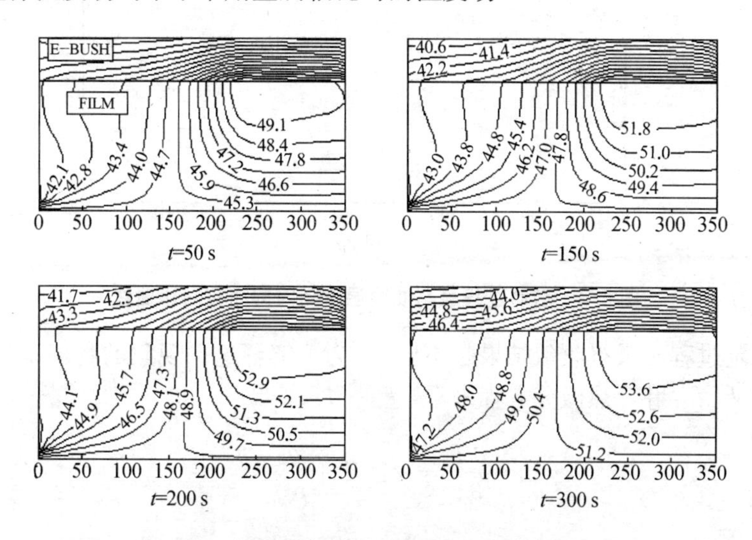

图 6.2　弹性金属塑料瓦径向滑动轴承启动过程不同时刻下油膜轴瓦温度场分布图

图6.3为启动过程中最高油膜温度随时间变化的对比曲线. 其中实线是采用弹性金属塑料轴瓦的情况，虚线是采用金属瓦的情况. 两种情况中最高油膜温度在启动开始阶段均升高很快，100 s后温升速度放慢，然后要经过一个较长的时间才能够逐步达到稳定状态，可以看出，温度场的稳定是一个单调升高的过程. 采用弹性金属塑料轴瓦时在开始阶段温度的升高要明显高于采用金属轴瓦的情况，根据计算结果可知10 s时其油膜温度已经升高7℃，而同一时刻下金属瓦的油膜温度升高了6℃，直到大约50 s左右其最高温度值开始小于采用金属轴瓦的情况，并最终保持到稳定工作状态.

对比图6.1、图6.2和图6.3可以发现，两种轴瓦系统温度场的

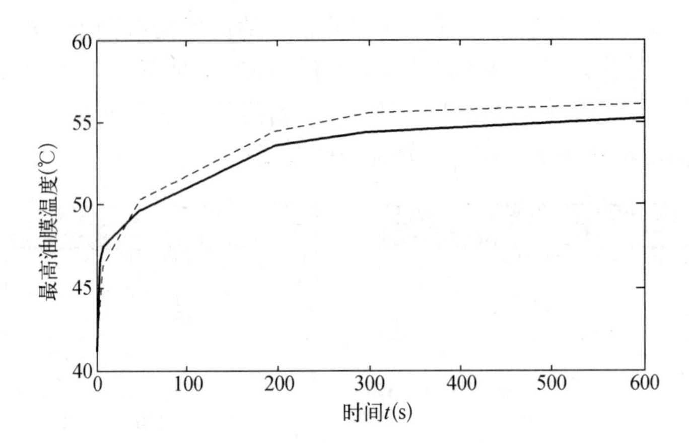

图 6.3　启动过程最高油膜温度随时间变化对比曲线

稳定过程和最终收敛结果是不同的. 为了解释这一现象的物理本质，先从傅立叶导热微分方程来看：

$$\frac{\partial T}{\partial \tau} = \alpha \nabla^2 T + \frac{q_v}{\rho c_v}$$

其中 q_v 为热源项，此处可理解为摩擦生热项，导温系数 $\alpha = \frac{k}{\rho c_v}$，即在一定温度梯度下，单位时间单位面积沿梯度方向传导的热量与单位体积的瓦块升高 1℃所吸收的热量之比值. 在启动初始阶段，转速较低，尚未发生边界滑移，可近似认为两者摩擦生热相当. 因此导温系数 α 小的材料，热能主要贡献于材料本身的升温，即 $\frac{\partial T}{\partial \tau}$ 较大. 弹性金属塑料瓦的导温系数要比金属瓦低一个数量级，因此启动初始阶段，通过弹性金属塑料瓦向外界传导的热能远小于金属瓦，聚积在油膜和轴瓦之间，所以在初始阶段油膜的温升会明显大于使用金属瓦的温升，并且最高油膜温度点直接就出现在油膜和轴瓦的接触面附近. 随着转速升高，塑料瓦油膜边界滑移的出现，增加了高温区域油液的流量，加速了热能随油液的迁移，使得油膜温度低于采用金属瓦时的温度.在基本达到稳定工作状态后,弹性金属塑料轴瓦瓦体温度整体上来说比金属轴瓦瓦体温度低很多,并且其内外表面的温差较大.

同时,根据稳定工况时计算得到采用金属轴瓦时油膜摩擦力矩为 1.47 Nm,采用弹性金属塑料瓦时为 1.33 Nm,可见塑料瓦摩擦力减小相应的发热量也减少,再加上滑移现象使润滑油流量增大,大部分的热量通过润滑油流动带走,这成为系统散热的主要方式,并最终使得油膜温度要低于采用金属瓦时的情况.

6.1.2 最大热弹变形量分析

图 6.4 为采用弹性金属塑料瓦径向滑动轴承时在启动开始过程中,无量纲最大热变形量和无量纲最大弹性变形量的变化曲线.其中实线为热变形量,虚线为弹性变形量.可以发现,在刚刚启动阶段,油膜压力场变化非常剧烈,直到几秒钟后,压力场逐渐稳定下来后弹性变形量的变化也趋于稳定.油膜温度场的稳定是一个长时间的单调递增过程,因此轴瓦的热变形量也是随着启动时间的推移而逐渐增大的.从图中可以看出,启动初始几秒内,弹性变形量变化较大,但很

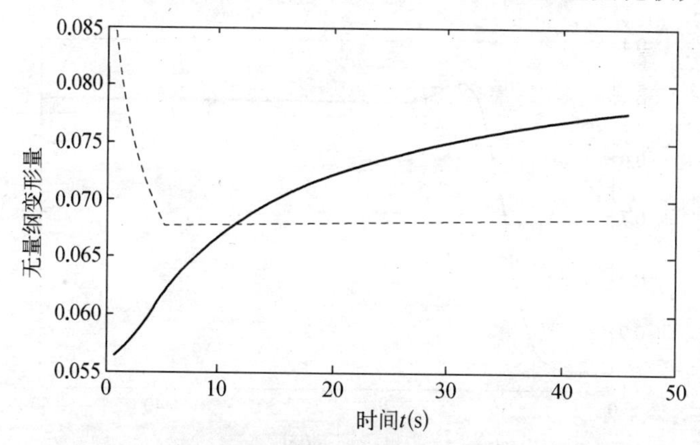

图 6.4 弹性金属塑料瓦径向滑动轴承启动初始阶段最大热弹变形量变化曲线

快就趋于稳定,此时热变形量要小于弹性变形量.而随着温度场的升高,热变形量不断增大并超过了弹性变形量,直至达到最终稳定工作状态时,轴瓦的热变形量要大于弹性变形量,所以从总体上来说,轴瓦的变形使得油膜厚度有所减小.

6.1.3 轴心轨迹对比

图 6.5 是分别采用两种材料的轴瓦时转子启动过程轴心轨迹曲线,图 6.6 为启动过程转子中心偏心率的收敛过程.其中实线为采用弹性金属塑料轴瓦的情况,虚线为采用普通金属瓦的情况.通过对比可以看出,初始阶段采用弹性金属塑料轴瓦时,转子的偏心率要大于采用金属瓦时的情况,而经过一段时间后金属瓦的偏心率大于了弹性金属塑料瓦的偏心率,并最终保持到转子中心轨迹收敛.根据轴瓦变形量的分析可以知道,在启动初期弹性金属塑料轴瓦的弹性变形量要大于热变形量,而金属瓦的弹性模量大,弹

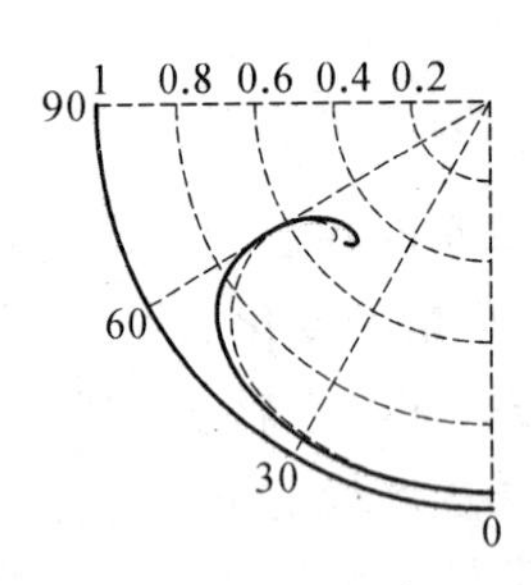

图 6.5　启动过程轴心轨迹对比曲线

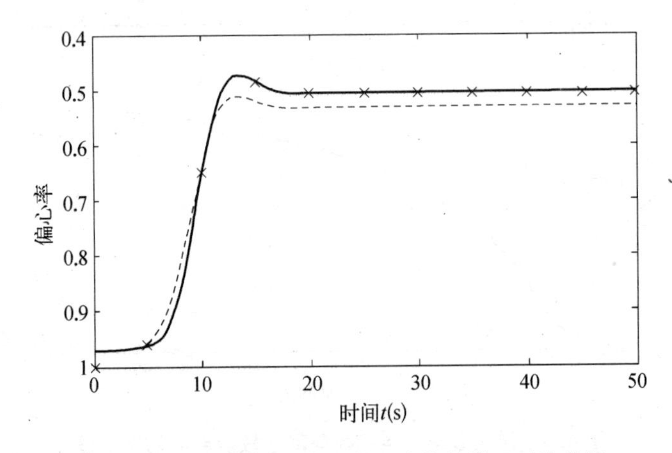

图 6.6　启动过程转子中心偏心率收敛情况对比曲线

性变形小，因此在同样外载荷下，弹性金属塑料瓦的转子偏心率要大于金属瓦的偏心率，以弥补弹性变形对油膜间隙的增大作用，这使得整体油膜间隙要小于采用金属瓦时同一时刻的间隙值，这也是造成在启动初期油膜温升要高于金属瓦油膜温升的原因.而随着时间的推移，油膜温度场逐渐建立起来，轴瓦的热变形量开始增大并超过了弹性变形量.又因为弹性金属塑料瓦的热膨胀系数要大于金属瓦，所以随着温度的升高，热、弹变形综合作用的结果使变形量逐渐超过了金属瓦的变形量，就使得其油膜厚度小于金属瓦的情况，从而增大了弹性金属塑料瓦轴承的油膜力，使得其偏心率又开始小于使用金属瓦时的转子偏心率，并一直保持到轴承的稳定工作状态.

6.2 两种径向滑动轴承停机过程的比较

停机过程仍按照线性减速方式分析，取减速时间为 10 s.初始位置即为转子稳态运转下的工作位置，开始减速后，转子便向停机时的位置单调逼近.本文考察的停机过程是以转子稳定工作状态作为初始时刻，转子逐步减速，直到最小油膜厚度为零为止，即转子与又轴瓦发生接触后就认为停机过程结束.

6.2.1 停机过程温度场比较

图 6.7 是普通金属瓦径向滑动轴承在停机过程中，两个不同时刻下油膜和轴瓦的温度场分布等高线.在停机降速后 5 s 时刻，图中显示最高温度降低了约 2.1℃(与图 6.1 对比)，并且油膜的温度开始低于同一周向位置的轴瓦温度，入口油膜温度明显降低，轴颈温度约降低了 1.7℃.到完全停机时轴瓦内表面温度反而明显下降，油膜温度要低于轴瓦温度，周向 150°之后的油膜温度梯度明显减小，而入口油温又有所升高.这主要是因为开始停机时，轴的转速降低，使得油膜发热量减少，油膜温度开始降低.通过润滑油的流动，热量被不断带走，而轴瓦冷却较慢，所以同一周向位置处油膜与轴瓦接触面附近，

轴瓦温度要高于油膜的温度. 而轴瓦外表面与空气对流换热的强度低于油液与轴瓦间的对流换热强度. 因此内表面的温度逐渐低于外表面的温度. 入口油膜温度由于冷油的进入而降低. 此后转速继续降低,油的流量降低,冷油进入量也减少,高温区热量向低温区传递,所以使得入口处油温比 5 s 时又有所升高.

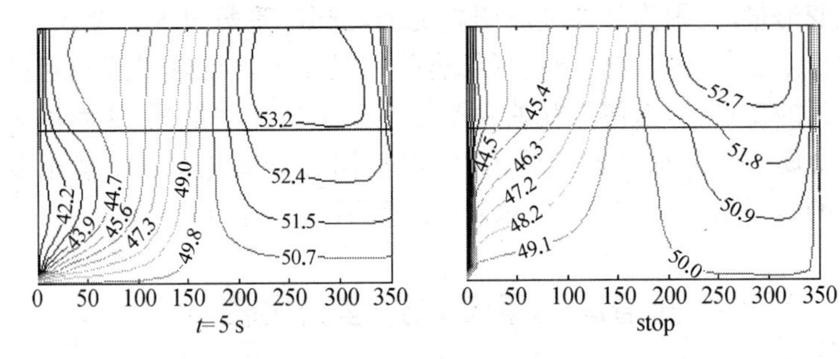

图 6.7　金属瓦径向滑动轴承停机过程不同时刻下油膜轴瓦温度场分布图

图 6.8 是弹性金属塑料瓦径向滑动轴承在启动过程中,两个不同时刻下油膜和轴瓦的温度场分布等高线. 从图中可以看出,停机 5 s 时最高油膜温度已经下降了 3℃左右(与图 6.2 对比),此时周向 170°之后的油膜温度梯度明显减小. 而在入口区域温度梯度增大,入口油温降低. 轴瓦内表面温度已经有所下降,外表面温度变化不大. 轴颈

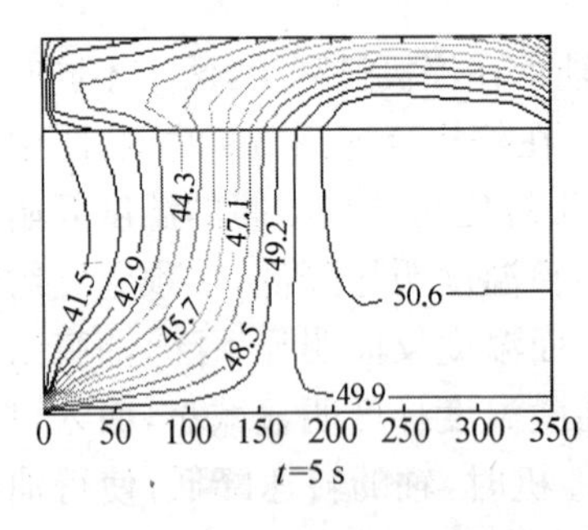

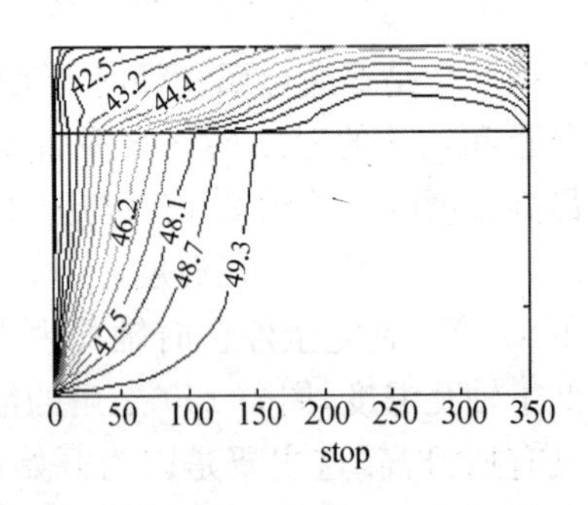

**图 6.8　弹性金属塑料瓦径向滑动轴承停机过程
不同时刻下油膜轴瓦温度场分布图**

温度降低了约 1.3°. 在停止时刻,图中显示的最高温度为 49.3℃,周向 150°之后的油膜温度差别很小,而 50°附近温度又比 5 s 时的温度有所升高,这与采用金属瓦时的现象是一致的.

对比图 6.7 和图 6.8,可以看出采用弹性金属塑料轴瓦时,在整个停机过程中油膜与轴瓦的温度都要低于采用金属瓦时的情况,这主要是由于油液在轴瓦表面存在滑移作用的贡献.

6.2.2 热弹变形量对比

图 6.9 为采用金属瓦径向滑动轴承时在停机过程中,无量纲最大热变形量和无量纲最大弹性变形量的变化曲线. 其中实线为热变形量,虚线为弹性变形量. 最大弹性变形量明显小于最大热变形量. 随着时间的延长,由于轴瓦温度有所降低,所以热变形量也有所减小.

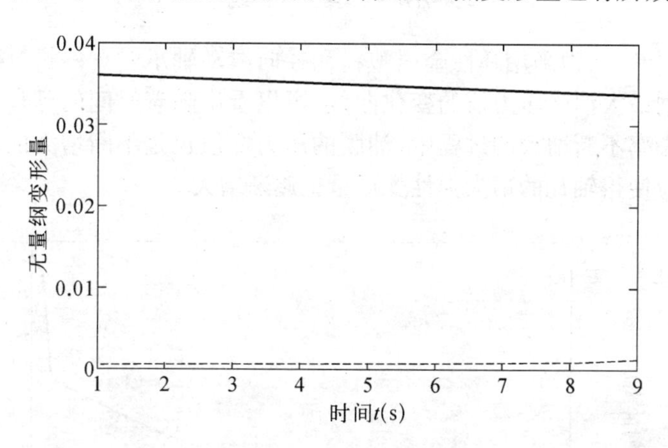

图 6.9 金属瓦径向滑动轴承停机过程最大热弹变形量变化曲线

图 6.10 为采用弹性金属塑料瓦径向滑动轴承时在停机过程中,无量纲最大热变形量和无量纲最大弹性变形量的变化曲线. 其中实线为热变形量,虚线为弹性变形量. 在停机初期,热变形要大于弹性变形. 随着时间的延长,热变形有所减小,而最大弹性变形明显增大,并最终超过了最大热变形.

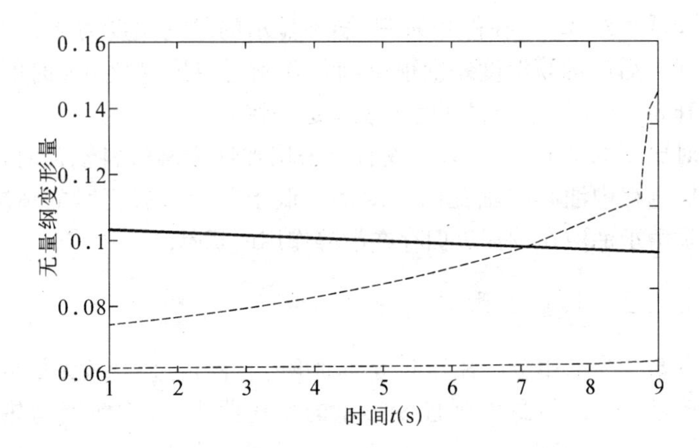

图 6.10 弹性金属塑料瓦径向滑动轴承停机过程最大热弹变形量变化曲线

图 6.11 为采用弹性金属塑料瓦径向滑动轴承时在停机过程中，无量纲最大油膜压力值的变化曲线. 可以看出随着时间的延长，在转子偏心率不断增大的过程中，油膜的压力峰值也是不断增大的，与之相对应使得轴瓦的最大弹性变形量也逐渐增大.

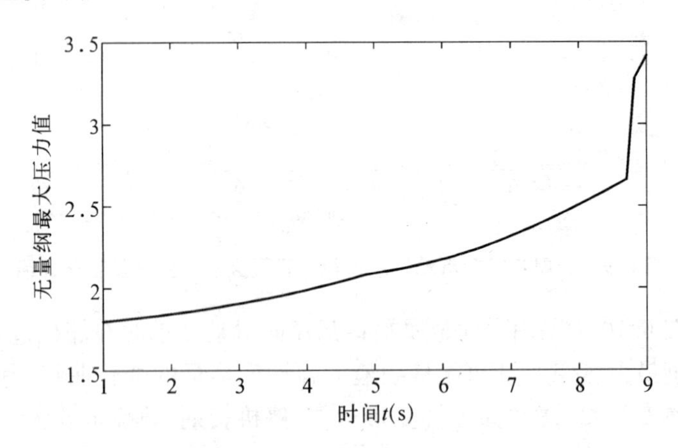

图 6.11 弹性金属塑料瓦径向滑动轴承停机过程最大压力值变化曲线

通过图 6.9 和图 6.10 可以看出弹性金属塑料瓦的热弹变形量要远大于金属瓦的变形量，特别是其弹性模量要比金属瓦低两个数量级，所以弹性变形量非常显著. 尤其在停机后期，油膜压力场变化剧烈，对弹性变形量影响很大，金属瓦的弹性变形始终是一个较小的量.

图 6.12 为采用金属瓦径向滑动轴承时停机结束时刻轴瓦无量纲热弹综合变形量.

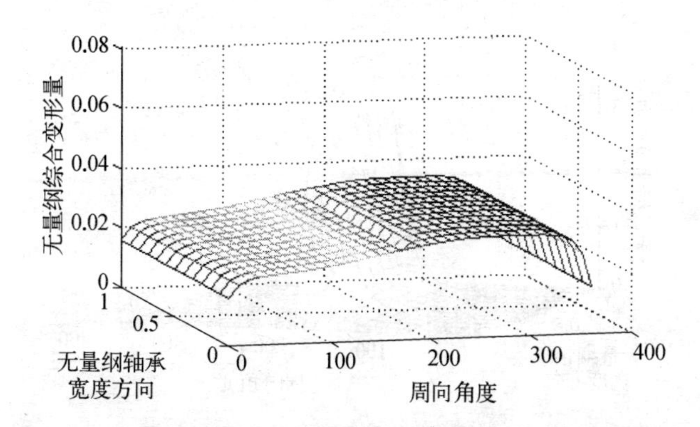

图 6.12　金属瓦径向滑动轴承停机结束时刻热弹综合变形量

图 6.13 为采用弹性金属塑料瓦径向滑动轴承时停机结束时刻轴瓦无量纲热弹综合变形量.

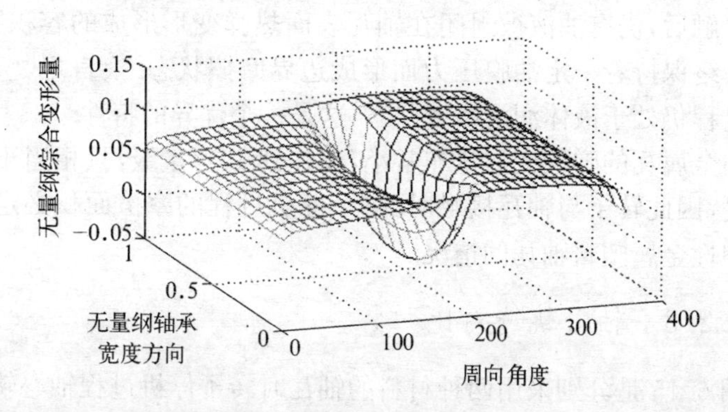

图 6.13　弹性金属塑料瓦径向滑动轴承停机结束时刻热弹综合变形量

对比两图，可以明显看出在停机结束时刻，弹性金属塑料瓦的热弹变形综合结果是使得轴瓦表面产生了一个容积腔. 当转子与轴瓦接触时，会有一定的油液被封闭于该容积腔内仍保持一定的油膜压力场，如图 6.14 所示. 这就产生了一定的油膜力继续作用于转子，大大减小了转子与轴瓦的干摩擦. 这正是除边界滑移特性外，弹性金属塑料轴瓦的另一优异特性.

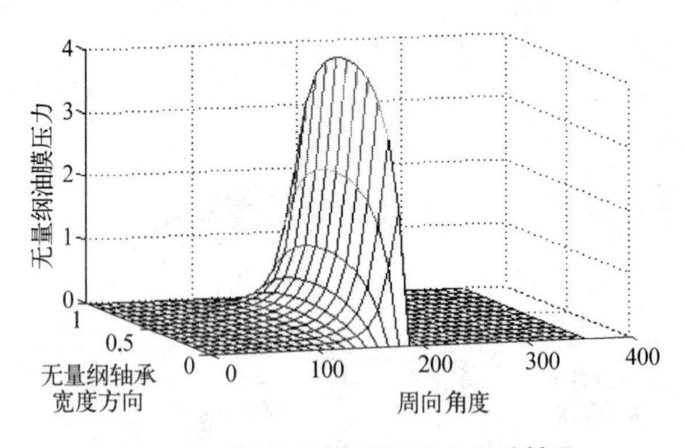

图 6.14 弹性金属塑料瓦径向滑动轴承停机时刻油膜压力场分布图

在实验过程中发现，停机后位于中心区域的压力表仍保持一定的压力值长达十多分钟，证实了上述数值分析结果，正是由于转子与轴瓦接触后，仍有油液被封闭在轴瓦表面热弹变形形成的容积腔内，从而始终保持着一定油膜压力而形成边界摩擦状态. 换言之，塑料瓦停机过程仍处于液体润滑摩擦状态，这是一个优异的特性.

而金属瓦的弹性变形量非常小，仅达到 10^{-6} 量级，只相当于表面粗糙度，因此转子与轴瓦接触时，整个停机过程的摩擦面积必定要远大于弹性金属塑料轴瓦的情况.

6.2.3 轴心轨迹对比

图 6.15 是分别采用两种材料的轴瓦时转子停机过程轴心轨迹曲线，其中实线为采用弹性金属塑料轴瓦的情况，虚线为采用普通金属

瓦的情况.整个过程中采用弹性金属塑料瓦轴承的转子偏心率都要小于采用金属瓦的情况.因为停机是一个较短的过程,温度场降低的并不很多,所以热变形量一直较大.就是在最后的停机时刻,弹性金属塑料瓦的热弹综合变形也要大于金属瓦的热弹综合变形,这使得整个停机过程中采用弹性金属塑料瓦时油膜间隙要小于金属瓦的油膜间隙.因此在相同外载情况下,采用弹性金属塑料轴瓦的转子偏心率就要小一些.

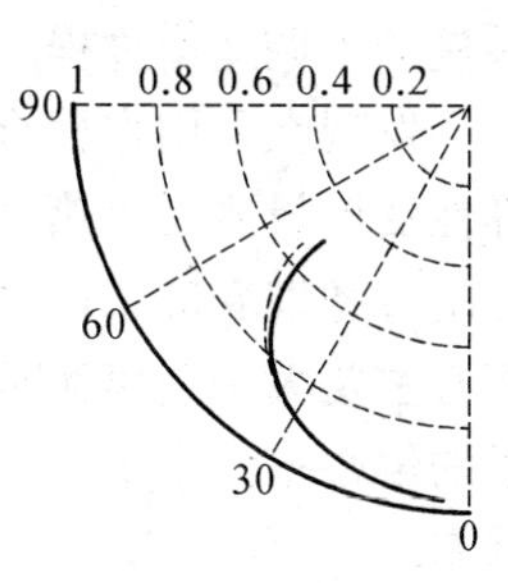

图 6.15 停机过程轴心轨迹对比曲线

并且通过计算结果可知,采用金属瓦是在运行至 9.421 s 时转子与轴瓦发生接触,停机过程结束.而采用弹性金属塑料瓦是在运行至 9.837 s 时停机过程结束,这说明与轴瓦接触时转子的速度要小于金属瓦的情况,这对减小固体干摩擦也是非常有利的.

6.3 本章小结

对弹性金属塑料瓦径向滑动轴承和普通金属瓦径向滑动轴承进行了瞬态三维热弹流分析,重点考察了启动和停机过程中的工作机理,对比了两者的不同.

对比了启动过程中不同时刻下分别采用两种材料轴瓦时油膜和轴瓦的温度场分布.发现采用金属轴瓦时,最高油膜温度点在启动初期是处于轴颈和轴瓦中间偏向轴瓦的径向位置,随着时间的延长逐渐向油膜与轴瓦的接触面靠近,并最终到达接触面.瓦体温度很高,内外表面温差不大,热传导作用非常明显.启动初期温升较快,随后要经过很长时间整个温度场才能达到稳定.而采用弹性金属塑料轴瓦时,最高油膜温度点在启动初期就直接出现在油膜与轴瓦的接触面.瓦体温度低于金属瓦,内外表面温差大,轴瓦散热量少.启动初期温升更快,随后也要经过很长时间整个温度场才能达到稳定.但是由于轴瓦表面的滑移作用,增大了润滑油的流量,使得最终油膜的温度要低于采用金属瓦时的油膜温度.两种材料轴瓦的温度场都是一个缓慢的单调递增过程.

发现在采用弹性金属塑料瓦径向滑动轴承时,启动初期轴瓦的弹性变形量要大于热变形量,随着温度场的稳定,热变形量逐渐增大并超过弹性变形量,并保持到最终稳定工作状态.在启动初期转子的偏心率要大于金属瓦时的偏心率,而随着弹性轴瓦热变形的增大,转子的偏心率又小于了金属瓦时的情况,并一直保持到最终稳定工作状态.

对比了停机过程中不同时刻下分别采用两种材料轴瓦时油膜和轴瓦的温度场分布.发现两者在停机 5 s 时温度分别下降了 2.1℃和 3℃,入口油温降低明显.而随后由于转速降低,进油流量减小,入口区域油膜温度还有所回升.最后时刻高温区金属瓦的温度要高于油膜温度,最高温度点在轴瓦外表面.而采用弹性金属塑料瓦时,轴瓦外表面温度始终低于内表面及油膜温度.

停机过程中,弹性金属塑料瓦的弹性变形开始小于其热变形,之后明显增大,并超过了热变形量.在最终停机时刻,转子首先与轴瓦的轴向两端边线相接触,弹性金属塑料瓦的热弹综合变形使轴瓦中心表面产生了一个下凹的容积腔.部分的油液被转子封闭在容积腔内,使得停机后仍能保持一定的油膜压力作用于转子,即转子停机过程仍处于液体润滑状态,这又是弹性金属塑料瓦径向滑动轴承优越于金属瓦径向滑动轴承的一个十分重要的特性.

由于弹性金属塑料瓦的热弹综合变形大于金属瓦,油膜厚度要小,因此在相同外载荷的整个停机过程中,其偏心率要小于金属瓦的偏心率.在最后的停机时刻,即转子与轴瓦发生接触时,采用弹性金属属塑料瓦的转子速度也要低于金属瓦的转子速度.

本章深刻揭示了两类轴瓦的重大区别,弹性金属塑料瓦表面油液的滑移作用使油膜的温度场要低于金属瓦轴承的油膜温度.而停机时轴瓦表面的下凹容积腔又避免了干摩擦，因此可以肯定弹性金属塑料瓦径向滑动轴承独有的特性对改善径向滑动轴承稳态及瞬态工作性能是非常有利的.

第七章　结论与展望

本文对弹性金属塑料瓦径向滑动轴承进行了三维热弹流分析，考察了其在稳态工作状态及瞬态启停过程中的润滑机理，研制开发了计算该新型轴承润滑性能的分析软件，并搭建了两套相关试验台对理论分析结果进行了验证. 为该新型轴承的工程应用提供了理论分析及试验指导.

7.1　本文研究成果

通过本文的研究工作，取得了以下几个方面的研究成果：

1. 对弹性金属塑料瓦径向滑动轴承轴瓦表面油液的边界滑移现象进行了研究. 在用界面理论证明了润滑油液与聚四氟乙烯材料表面之间可能存在滑移现象的基础上，设计制作了一套固液界面滑移特性试验台架，进行了不同场压力、不同转速和油膜间隙条件下的滑移特性试验. 发现滑移现象是在油膜剪切应力达到一定临界值后出现的，随着剪切应力的增大而增大，随着场压力的增大而减小，并根据实验数据给出了常压和场压力下的滑移速度数学模型.

2. 详细分析了广泛使用的松弛迭代法在求解代数方程组时的各影响因素，并提出了基于块不完全分解的快速迭代法及共轭梯度法两种新的代数方程求解方法，减少了迭代步数，加快了收敛时间.

3. 建立了普通金属瓦径向滑动轴承三维稳态热弹流分析的数学模型，并给出了数值求解的过程. 计算结果与国外文献中的实验结果相吻合，证明计算过程是可靠的.

4. 根据实验得出的边界滑移速度模型，对雷诺方程进行修正，开发了适用于弹性金属塑料瓦径向滑动轴承的三维稳态热弹流分析软件.

5. 搭建了弹性金属塑料瓦径向滑动轴承的压力场和温度场综合测试试验台架,通过试验为理论分析提供了对比依据,证明了弹性金属塑料瓦径向滑动轴承三维稳态热弹流分析数学模型和软件的可信性.

6. 建立了普通金属瓦径向滑动轴承瞬态特性的计算数学模型,采用多重网格法求解油膜压力场,与国外文献中的实验数据吻合较好.

7. 编制了适用于弹性金属塑料瓦径向滑动轴承的瞬态润滑特性分析软件,考察了轴承在启动和停机过程的润滑机理.发现计入边界滑移作用后,油膜温度要低于普通金属瓦的油膜温度.并且在停机过程结束时,转子与轴瓦之间仍然封闭有一定容积的压力腔,从而避免了转子与轴瓦的完全接触,即减小了轴瓦的摩擦损伤.这正是弹性金属塑料瓦不同于金属瓦的优异特性.

7.2 创新点

1. 研究了不同工况下油液与弹性金属塑料瓦表面之间的滑移特性并给出了固液界面滑移速度模型.

首次搭建了基于径向滑动轴承物理模型的固液界面滑移现象研究的试验台架.通过对比试验证明了油液与聚四氟乙烯材料表面之间存在滑移现象,得到了发生滑移现象的临界剪切应力值.研究了场压力对滑移速度的影响,根据滑移速度与场压力和剪切应力的关系,建立了场压力下的滑移速度数学模型.

2. 揭示了弹性金属塑料轴瓦径向滑动轴承的承载机理及其两大优异特性.

首次对弹性金属塑料瓦径向滑动轴承的润滑特性进行了研究.编制了适用于弹性金属塑料瓦径向滑动轴承的三维稳态、瞬态热弹流分析软件.证明了由于该材料轴瓦特有的边界滑移现象的存在,使得油膜工作温度要低于普通金属瓦径向滑动轴承的油膜温度. 在转子停机时刻，由于热弹综合变形使轴瓦表面形成了下凹容积腔，即保持了一定的油膜压力又避免了干摩擦过程. 上述弹性金属塑料瓦径向滑动轴承所特有的两大优异性能对改善径向滑动轴承的工作性能均具有积极的作用.

7.3 进一步研究方向

本文对弹性金属塑料瓦径向滑动轴承的研究只是初级阶段，研究工作还有待于进一步完善和提高，今后可以从如下几个方面深入：

1. 目前国内对弹性金属塑料瓦的材料特性开展了大量的研究，如材料的导热性能、弹性模量、表面粗糙度、强化处理及非时变材料变形等，今后可将上述研究成果引入径向滑动轴承润滑特性的分析中，建立更加完善的分析模型.

2. 在停机动态分析中，可以展开轴承碰擦动态行为的研究.

3. 由于聚四氟乙烯材料具有不容易生锈的特点，所以可以考虑采用水作为润滑剂，研究轴承的工作性能.

4. 本文的研究工作是针对圆柱径向滑动轴承展开的，润滑油的循环更新能力相对较差. 在许多高速旋转机械中广泛采用的是可倾瓦径向滑动轴承，这类轴承瓦块可自行调整工作位置，具有良好的稳定性，因此可以展开可倾式弹性金属塑料瓦径向滑动轴承的研究，这将具有更加广泛的应用前景.

参 考 文 献

1 吴炳良，王建忠. 苏联弹性金属塑料推力轴承运行总结. 大电机技术，1992，(1)：6－10

2 发展中的中国水力发电设备制造业. 中国新能源网，2003

3 樊智辉. 弹性金属塑料轴瓦在卧式水轮机上的应用. 农村电气化，2002，(1)：13

4 付元初. 我国水电机电安装50年发展与技术进步. 中国农村水电及电气化信息网，2002－06

5 www. fortum. com

6 孙大成. 润滑力学讲义. 北京：北京中国友谊出版社，1991

7 Khonsari M M. A review of thermal effects in hydrodynamic bearings Par Ⅱ：*Journal Bearings*. *ASLE TRANS*，1987，**30**(1)：26－33

8 Dowson D. A generalized reynolds equation for fluid film lubrication. *Int. J. Mech. Sci*，1962，**4**：159－170

9 McCallion H，Yousif F，Lloyd T. The analysis of thermal effects in a full journal Bearing. *TRANS. ASME*，1970，**92**：578－587

10 Ezzat H A，Rohde S M. A study of the thermohydrodynamic performance of finite slider bearings. *Journal of Lubrication Technology*，*TRANS. ASME*，1973. **7**：298－307

11 Huebner K H. Application of finite element methods to thermohydrodynamic lubrication. *International Journal for Numerical Methods in Engineering*，1974，**8**：139－165

12 Khonsari M M，Beaman J J. Thermohydrodynamic analysis of

laminar incompressible journal bearings. *ASLE TRANS.*, 1985, **29**(2): 141-150

13 Rajalingham C, Prabhu B S. Thermohydrodynamic performance of a plain journal bearing. *ASLE TRANS.*, 1987, **30**(3): 368-372

14 Mitsui J. A study of thermohydrodynamic lubrication in a circular journal bearing. *Tribology International*, 1987, **20**(6): 331-341

15 Gethin D T. A finite element approach to analysing thermohydrodynamic lubrication in journal bearings. *Tribology International*, 1988, **21**(2): 67-75

16 Khonsari M M, Esfahanian V. Thermohydrodynamic analysis of solid-liquid lubricated journal bearings. *Journal of Tribology*, *TRANS. ASME*, 1988, **110**: 367-373

17 Colynuck A J, Medley J B. Comparison of two finite difference methods for the numerical analysis of thermohydrodynamic lubrication. *Tribology Transactions*, 1989, **32**(3): 346-356

18 Ferron J, Frene J, Boncompain R. A study of thermohydrodynamic performance of a plain journal bearing. *Comparison between Theory and Experiments*, *TRANS. ASME*, *J. Lubr. Tech.*, 1983, **105**: 422-428

19 Boncompain R, Fillon M, Frene J. Analysis of thermal effects in hydrodynamic bearings. *Journal of Tribology*, *TRANS. ASME.*, 1986, **108**(4): 219-224

20 Taniguchi S, Makino T. A thermohydrodynamic analysis of large tilting-pad journal bearing in laminar and turbulent flow regimes with mixing. *Journal of Tribology*, *TRANS. ASME.*, 1990, **112**(7): 542-549

21 Paranjpe R S , Han T. A study of the thermohydrodynamic

performance of steadily loaded journal bearings. *STLE Trib. Trans.*, 1994, **37**(4): 679-690

22 Banwait S S, Chandrawat H N. Study of thermal boundary conditions for a plain journal bearing. *Tribology International*, 1998, **31**(6): 289-296

23 Conway H D. The analysis of the lubrication of a flexible journal bearing. *Journal of Lubrication Technology*, *TRANS. ASME*, 1975, **10**: 599-604

24 张国贤,金健,吴白羽. EMP径向滑动轴承弹性变形的有限元求解, 润滑与密封,2000, **6**: 2-4

25 Singh D V, Sinhasan R, Prabhakaran Nair K. Elastothermohydrodynamic effects in elliptical Bearing. *Tribology International*, 1989, **22**(1): 43-49

26 陈祥华,张直明. 计入弹性动变形的可倾瓦径向轴承动力特性研究,上海工业大学学报,1989, **10**(4): 310-316

27 张直明,吴西柳,郑志祥. 计入弹性动变形的单块径向轴承可倾瓦动特性,上海工业大学学报,1992, **13**(3): 189-196

28 张直明,吴西柳,郑志祥. 计入弹性变形的可倾瓦轴承和转子系统的动力特性,上海工业大学学报,1992, **13**(4): 303-310

29 Khonsari M M, Wang S H. On the fluid-solid interaction in reference to thermoelastohydrodynamic analysis of journal bearings. *Journal of Tribology*, *TRANS. ASME.*, 1991, **113**(4): 398-404

30 Khonsari M M, Wang S H. On the maximum temperature in double-layered journal bearings. *Journal of Tribology*, *TRANS. ASME.*, 1991, **113**(7): 464-469

31 王宏宾,李小江,邹景超. 热弹变形对径向可倾瓦轴承静态性能的影响,郑州轻工业学院学报,1996, **11**(1): 33-37

32 Mokhtar M O A, Howarth R B, Davies P B. The behavior of

plain hydrodynamic journal bearings during starting and stopping. *ASLE TRANS.*, 1977, **20**(3): 183－190

33 Malik M M, Bhargava S K, Sinhasan R. The transient tresponse of a journal in plane hydrodynamic bearing during acceleration and deceleration periods. *STLE Trib. Trans.*, 1989, **32**(1): 61－69

34 Bhargava S K, Malik M M. The transient tresponse of a journal in plane hydrodynamic bearing with flexible damped supports during Acceleration and deceleration periods. *STLE Trib. Trans.*, 1991, **34**(1): 63－69

35 Jain S C, Sinhasan R, Pilli SC. Transient response of a journal supported on elastic bearings. *Tribology International*, 1990, **23**(6): 201－209

36 Pai R, Majumdar B C. Stability of submerged oil journal bearings under dynamic load. *Wear*, 1991, **146**: 125－135

37 Gadangi R K, Palazzolo A B, Kim J. Transient analysis of plain and tilt pad journal bearings including fluid film temperature effects. *Journal of Tribology*, *TRANS. ASME.*, 1996, **118**(4): 423－430

38 Monmousseau P, Fillon M, Frene J. Transient thermoelastohydrodynamic study of tilting-pad journal bearings — comparison between experimental data and theoretical results. *Journal of Tribology*, *TRANS. ASME.*, 1997, **119**(7): 401－407

39 Jones G J, Martin F A. Geometry effects in tilting－pad journal bearings. *ASLE TRANS.*, 1979, **22**(3): 227－244

40 Kucinschi B, Fillon M. An sxperimental study of transient thermal effects in a plain journal bearing. *Journal of Tribology*, *TRANS. ASME.*, 1999, **121**(4): 327－332

41 Kucinschi B, Fillon M, Frene J, D. Pascovici M. A transient thermoelastohydrodynamic study of steadily loaded plain journal bearings using finite element method analysis. *Journal of Tribology*, *TRANS. ASME.*, 2000, **122**(1): 219 - 226

42 高明,龙劲松. 动载滑动轴承轴心轨迹计算机模拟中 Holland 方法的改进. 西南交通大学学报,1997, **32**(3): 294 - 299

43 王晓力,温试铸,桂长林. 动载轴承的非稳态热流体动力润滑分析. 清华大学学报(自然科学版),1999, **89**(8): 30 - 33

44 富彦丽,朱均,马希直. 径向轴承启动过程瞬态热效应的研究. 摩擦学学报,2003, **23**(2): 136 - 139

45 Earles L L, Palazzolo A B, Armentrout R W. A finite element approach to pad flexibility effects in tilt pad journal bearings Parts Ⅰ and Ⅱ. *Journal of Tribology*, *TRANS. ASME.*, 1990, **112**: 169 - 182

46 Choy F K, Braun M T, Hu Y. Nonlinear transient and frequency response analysis of a hydrodynamic journal bearing. *Journal of Tribology*, *TRANS. ASME.*, 1991, **114**: 448 - 454

47 Nikolakopoulos P G, Papadopoulos C A. Dynamic stability of linear misaligned journal bearings via Lyapunov's direct method. *Trigology Transactions*, 1997, **40**(1) 138 - 146

48 Rao T V V L N, Biswas S. An analytical approach to evaluate dynamic coefficients and nonlinear transient analysis of a hydrodynamic journal bearing. *Tribology Transactions*, 2000, **43**(1): 109 - 115

49 Innes G E, Leutheusser H L. An investigation into laminar-to-turbulent transition in tiling-pad bearing. *Journal of Tribology*, *TRANS. ASME.*, 1991, **113**: 303 - 307

50 Fitzgerald M K, Neal P B. Temperature distributions and heat

transfer in journal bearings. *Journal of Tribology*, *TRANS. ASME.*, 1992, **114**: 122－130

51 Paranjpe R S. A study of dynamically loaded engine bearings using a transient thermohydrodynamic analysis. *STLE Trib. Trans.*, 1996, **39**(3): 636－644

52 Li X K, Gwynllyw D R H, Davies A R, Phillips T N. Three-dimensional effects in dynamically loaded journal bearings. *International Journal for Numerical Methods in Fluids*, 1999, **29**(3): 311－341

53 Nikolajsen J L. Effect of aerated oil on the load capacity of a plain journal bearing. *Tribology Transactions*, 1999, **42**(1): 58－62

54 Li X K, Davies A R, Phillips T N. Transient thermal analysis for dynamically loaded bearings. *Computers & Fluids*, 2000, **29**(7): 749－790

55 Wang Xiaoli, Zhu Keqin, Wen Shizhu. On the performance of dynamically loaded journal bearings lubricated with couple stress fluids. *Tribology Transactions*, 2002, **35**: 185－191

56 Fillon M , Bouyer J. Thermohydrodynamic analysis of a worn plain journal bearing. *Tribology Transactions*, 2004, **37**: 129－136

57 陈照波,焦映厚,夏松波等. 转子-椭圆轴承系统混沌运动的研究. 哈尔滨工业大学学报, 2001, **33**(2): 147－150

58 武新华,张新江,薛小平等. 弹性转子-轴承系统的非线性动力学研究. 中国机械工程,2001, **12**(11): 1221－1224

59 褚福磊,张正松,冯冠平. 碰摩转子系统的混沌特性. 清华大学学报(自然科学版), 1996, **36**(7): 52－57

60 吴宪芳,唐云. 转子系统碰擦分岔的复杂性. 清华大学学报(自然科学版),1999, **39**(10): 112－115

61 王焕栋,陈和冲.弹性金属塑料瓦在生产和运行中的一些问题.水力发电,1999,**9**：36－38.
62 A. AE,李连贵.弹性金属塑料瓦推力轴承的温度检测.国外大电机,1990,(1)：5－10
63 M. HN,丘建甫.经改进的弹性金属塑料瓦推力轴承的运行经验.国外大电机,1990(3)：15－17
64 曲述曾.弹性金属塑料瓦发展概况.国外大电机,1991.(4)：10－18
65 王万耐,梁广泰.弹性金属塑料瓦的试验总结.华东电力,1991,(9)：39－41
66 曲述曾.我国弹性金属塑料瓦运行及生产情况.大电机技术,1992,(5)：7－12
67 张俊才.龙羊峡水力发电厂引进的弹性金属塑料瓦推力轴承运行分析.青海电力,1993,(1)：11－22
68 钟海权.弹性金属塑料瓦推力轴承流体动力润滑性能分析.东方电机,1993(3)：118－124.
69 施泽风,黄宝南.极有推广前途的弹性金属塑料瓦.东方电气评论,1993,**7**(1)：54－56
70 吴军令.岩滩水轮发电机推力轴承弹性金属塑料瓦运行试验.大电机技术,1994,(4)：1－4,14
71 赵上麟.三峡机组弹性金属塑料瓦研究.东方电机,1995,(1)：40－42,49
72 黄顺礼,石建军.弹性金属塑料瓦在水电机组中的应用前景.发电设备,1996(6)：19－20
73 李承革.弹性金属塑料瓦在云南水电站中的应用.水电站机电技术,1997,(4)：29－31
74 郑冬梅.弹性金属塑料瓦在水口电厂1号机水导轴承上的应用.大电机技术,1997,(6)：48－52
75 杨斌.推力弹性金属塑料瓦受力调整新工艺.水电站机电技术,

1999(3)：38－40，42.

76 江志满. 水轮发电机组推力轴承采用弹性金属塑料瓦收效显著. 新疆电力，1999，(4)：7－8

77 郑水荣. 大型新颖 EMPC 轴瓦推力轴承的计算与分析[硕士学位论文]. 上海大学，1993

78 张国贤，黄东明. 可倾式弹性金属塑料瓦(EMP)的初始型面研究. 润滑与密封，1994，(4)：2－5

79 汪岩松. 新型推力瓦(EMP)轴承的数学模型和型面分析[硕士学位论文]. 上海大学，1995

80 赵红梅，董毓新，马震岳. 弹性金属塑料瓦推力轴承润滑性能分析. 润滑与密封，1995，(1)：14－19

81 马震岳，董毓新. 弹性金属塑料瓦推力轴承热弹流动力润滑分析数值方法. 大连理工大学学报，2000，**40**：90－94

82 武中德. 弹性金属塑料瓦推力轴承热弹流性能分析. 大电机技术，1996，(5)：1－7

83 王小静. 弹簧支承式弹性金属塑料瓦推力轴承 TEHD 研究[博士学位论文]. 上海大学，1997.

84 徐华，吕长春，朱均. 复合材料轴瓦的力学性能研究. 西安交通大学学报，1999，**33**(6)：55－59

85 吕新广，李延雷，朱均. 弹性金属塑料瓦的导热系数确定及导热性能分析. 机械科学与技术，2000，**19**(6)：975－976，980

86 李永海，李景惠，于晓冬等. EMP 瓦压缩弹性模量的实验研究. 哈尔滨理工大学学报，2000，**5**(4)：19－22

87 李景惠，李永海等. EMP 瓦在不同温度时局部压缩弹性模量的实验研究. 哈尔滨理工大学学报，2000，**5**(6)：25－28

88 Markin D，McCarthy D M C，Glavatskih S B. A FEM approach to simulation of tilting-pad thrust bearing assemblies. *Tribology International*，2003，**36**：807－814

89 Bondone t G，Filiatrault A. Frictional response of PTFE sliding

bearings at high frequencies. *Journal of Bridge Engineering*, 1997, **2**(4): 139-147

90 Campbell T I, Green M F. Stress distribution at PTFE interface in cylindrical bearing. *Journal of Bridge Engineering*, 1998, **3**(4): 186-193

91 Glavatskih, Sergei B. Evaluating thermal performance of a PTFE-faced tilting pad thrust bearing. *Journal of Tribology*, 2003, **125**(2): 319-324

92 Jackson R, Green I. Experimental analysis of the wear, life and behavior of PTFE coated thrust washer bearings under non-axisymmetric loading. *Tribology Transactions*, 2003, **46**(4): 600-607

93 张直明主编. 滑动轴承的流体动力润滑理论. 北京：高等教育出版社，1986

94 温诗铸. 摩擦学原理. 北京：清华大学出版社，1990

95 陈伯贤，裘祖干，张惠生. 流体润滑理论及其应用. 北京：机械工业出版社，1991

96 苏铭德，黄素逸. 计算流体力学基础. 北京：清华大学出版社，1997

97 Elrod H G. Efficient numerical method for computation of the thermohydrodynamics of laminar lubricating films. *Journal of Tribology*, *TRANS. ASME.*, 1991, **113**(7): 506-511

98 Malik M, Bert C W. Differential quadrature solutions for steady-state incompressible and compressible lubrication problems. *Journal of Tribology*, *TRANS. ASME.*, 1994, **16**(4): 296-302

99 Avudainayagam A, Vani C. Wavelet-galerkin method for integro-differential equations. *Applied Numerical Mathematics*, 2000, **32**: 247-254

100 Chiavassa G, Liandrat J. A fully adaptive wavelet algorithm for parabolic partial differential equations. *Applied Numerical Mathematics*, 2001, **36**: 333 - 358

101 Billings S A, Zheng G L. Radial basis function network configuration using genetic algorithms. *Neural Networks*, 1995, **8**(6): 877 - 890

102 Nguyen-Thien T, Tran-Cong T. Approximation of functions and their derivatives: A Neural Network Implementation with Applications. *Applied Mathematical Modelling*, 1999, **23**: 687 - 704

103 He S, Reif, K Unbehauen R. Multilayer neural networks for solving a class of partial differential equations. *Neural Networks*, 2000, **13**: 385 - 396

104 上海材料研究所,广西大化水力发电总厂,东方电机厂. 大化电厂单机 100 MW 发电机组 30 MN 级弹性金属塑料瓦推力轴承的研究. 技术总结,1993

105 王承鹤. 塑料摩擦学. 北京：机械工业出版社,1990

106 张开. 高分子界面科学. 北京：中国石化出版社,1997

107 Hageman L A, Young D M. Applied Iterative Methods. *New York and London: Academic press*, 1981

108 Astrom K J. Computer-Controlled Systems Theory and Design. *Sweden: Publishing house of electronics industry*, 1997

109 赵经文,王宏钰. 结构有限元分析(第二版). 北京：科学出版社,2001

110 J. J. 康纳,C. A. 勃莱皮埃著,吴望一译. 流体流动的有限元法. 北京：科学出版社,1981

111 孔祥谦. 有限单元法在传热学中的应用. 北京：科学出版社,1981

112 章本照. 流体力学中的有限元方法. 北京：机械工业出版社，1986
113 甘舜仙. 有限元技术与程序. 北京：北京理工大学出版社，1988
114 李开泰. 有限元方法及其应用(修订本). 陕西：西安交通大学出版社，1998
115 王勖成，邵敏. 有限单元法基本原理和数值方法. 北京：清华大学出版社，1997
116 陶文铨. 传热学基础. 北京：电力工业出版社，1981
117 D. R. 克罗夫特著，张风禄等译. 传热的有限差分方程计算. 北京：冶金工业出版社，1982
118 陶文铨. 数值传热学. 西安：西安交通大学出版社，1988
119 杨世铭，陶文铨. 传热学(第三版). 北京：高等教育出版社，1998
120 陶文铨. 计算传热学的近代进展. 北京：科学出版社，2000
121 陶文铨. 工程热力学. 武汉：武汉理工大学出版社，2001
122 徐利治，张尧庭，林化夷，卢开澄等. 现代数学手册——计算机数学卷. 武汉：华中科技大学出版社，2001
123 黎明，张政. 计算流体力学与传热中的多重网格块修正算法. 北京化工大学学报，1999，**26**(3)：5 - 11
124 朱宗柏，杨国勋，肖金生. 多重网格方法在传热数值分析中的应用. 武汉交通科技大学学报，2000，**24**(2)：121 - 124
125 严珩志，王红志，钟掘. 用多重网格法研究周期载荷线接触弹流问题. 湘潭大学自然科学学报，2001，**23**(3)：65 - 68
126 张玮，徐忠. 多重网格技术在 SIMPLE 算法中的应用及结果的不确定性分析. 应用基础与工程科学学报，2001，**9**(2)：228 - 234
127 段雅丽，张晓丹. 一种求解二维热传导方程的高效算法——ETF-FDS-MG 方法. 北京科技大学学报，2001，**23**(5)：470 - 473
128 王红志，曹广忠，李积彬. 多重网格技术在线接触弹流问题中的

应用. 深圳大学学报(理工版), 2003, **20**(3): 52-57

129 肖映雄,张平文. 求解二维三温能量方程的半粗化代数多重网格法. 数值计算与计算机应用, 2003, **12**(4): 293-302

130 陆金甫,关治. 偏微分方程数值解法. 北京: 清华大学出版社,1987

131 曹志浩. 多格子方法. 上海: 复旦大学出版社, 1987

132 Brandt A. Multi-level adaptive solution to boundary-value problem. *Mathematics of Computation*, 1977, **31**(138): 333-390

133 Briggs W L. A Multigrid Tutorial. *Philadelphia: S. I. A. M.*, 1987

134 Jespersen D. Multigrid Methods for Partial Differential Equations. *Washington: Mathematical Association of American*, 1984

135 McCormick S F. Multigrid Methods: Theory, Applications, and Supercomputing. *New York: Marcel Dekker*, 1988

136 W. 哈克布思著,林群等译. 多重网格方法. 北京: 科学出版社,1988

137 Wesseling P. An introduction to multigrid methods. *New York: John Wiley & Sons*, 1992

138 刘超群. 多重网格法及其在计算流体力学中的应用. 北京: 清华大学出版社,1995

139 杨沛然. 流体润滑数值分析. 北京: 国防工业出版社,1998

140 陶文铨. 数值传热学(第二版). 西安: 西安交通大学出版社,2001

符 号 清 单

c	半径间隙
c_F, c_e, c_m, c_S	润滑油、弹性金属塑料轴瓦、金属轴瓦、轴颈比热
e	偏心距
h	油膜厚度
h_a	换热系数
k_F, k_e, k_m, k_S	润滑油、弹性金属塑料轴瓦、金属轴瓦、轴颈热传导系数
m	转子等效质量
mx, my, mz	离散网格节点数
p	油膜压力
t	时间
u, v, w	周向速度,径向速度,轴向速度
v_s	滑移速度
x, y, z	直角坐标分量
B	轴瓦厚度
$[B]$	应变矩阵
D	轴承直径
$[D]$	弹性矩阵
E	弹性模量
$EDisp$	轴瓦弹性变形量
F_0, F_1, F_2	雷诺方程系数
F_h, F_v	水平、垂直方向油膜合力
H_k, H_j, H_m	高斯积分点加权系数
I_h^{2h}, I_{2h}^h	限制、插值算子
$[J]$	坐标变换矩阵(Jacobi 矩阵)
$[K]$	刚度矩阵
L	轴承宽度

M	摩擦力矩
$[N]$	形函数
Q_{in}	入口区流量
Q_r	热油携带流量
Q_s	冷油补充流量
R_2	轴瓦内径
R_3	轴瓦外径
T, T_e, T_m, T_S	油膜、弹性金属塑料轴瓦、金属轴瓦、轴颈温度
T_0	入口油温
T_a	环境温度
T_{in}	冷热油混合温度
$TDisp$	轴瓦热变形量
W	外载荷
α	线膨胀系数
β	温粘系数
δ	相对误差判据
ε	偏心率
$\{\varepsilon\}$	应变向量
γ_{SL}, γ_{LV}, γ_{SV}	固液,液气,固气界面张力
λ	接触角
μ	润滑油动力粘度
ν	泊松比
θ	偏位角
ρ_F, ρ_e, ρ_m, ρ_s	润滑油、弹性金属塑料轴瓦、金属轴瓦、轴颈密度
$\{\sigma\}$	应力向量
τ	油膜剪切应力
ω	转速
ω_{or}	松弛迭代因子
ξ, η, ζ	等参元坐标
Ψ	径隙比
Φ, r, z	圆柱坐标分量

试验台实物照片

边界滑移试验台

压力场、温度场试验台

致　谢

本论文是在导师张国贤教授、王小静研究员的悉心指导下完成的. 本文从选题、到完成的每个环节都渗透着导师的大量心血. 在本论文即将完成之际，首先向他们致以衷心的感谢!

感谢导师张国贤教授. 先生渊博的知识、严谨治学的态度以及对科学孜孜以求的钻研精神成为学生心目中学习的楷模，为学生的一生树立了学习的榜样. 论文倾注了先生大量心血，在硕士和博士学习阶段，得到先生无微不至的关怀和耐心细致的指导，他的教育之恩将令我感怀今生. 在此，谨向张老师致以最诚挚的谢意!

感谢导师王小静研究员. 在论文工作几次陷入低谷的时候，导师都为学生指明了研究方向，并提出了许多关键性的建议. 导师平易近人的作风，以及在本领域宽广扎实的学术造诣都令学生佩服不已.

感谢吴白羽副教授. 在论文的实验阶段得到了吴老师的大量帮助，并且在遇到问题时与学生深入讨论，帮学生理清思路.

感谢实验室的杨来兴师傅. 在实验装置的加工、装配及调试过程中，杨师傅做了许多工作，使我能够顺利完成试验任务.

感谢张直明教授在论文进行过程中给予的关心和指导.

感谢何青玮和林青师弟，在实验过程给予的大量帮助，以及程宏亮师弟在程序调试过程中的帮助.

感谢教研室温济全教授、邢科礼副教授、任伯航老师、张庆云等各位老师在学生这几年的学习中给予的帮助和关心.

感谢我的好友马然，李睿，彭文屹，袁桂英，修明磊等与我一起分享喜悦，并且在我遇到困难和情绪低落时不断给予我鼓励和帮助.

感谢教研室的各位师弟妹，陪我一起度过这段学习时光，带给我快乐和帮助.

最后我要深深感谢我的父亲、母亲、姐姐、姐夫和小外甥，是他们给予我博大的爱和深切的关怀，他们对我求学的大力支持和鼓励，使我不断战胜困难和挫折. 在论文即将完成之际，我愿与他们分享其中的甘苦，并感谢亲人们对我的殷切期望和无私无悔的支持. 没有他们的默默奉献，我是难以完成学业的. 父母的辛劳我将铭记在心，并作为我今后奋斗的动力源泉.